# 談判的訊號

## 讀懂真實世界中的價格與心理動態力量

GETTING (MORE OF) WHAT YOU WANT

HOW THE SECRETS OF ECONOMICS AND PSYCHOLOGY

CAN HELP YOU NEGOTIATE ANYTHING, IN BUSINESS AND IN LIFE

瑪格里特‧妮爾（Margaret A. Neale）

湯瑪斯‧黎斯（Thomas Z. Lys）　著

趙睿音　■　譯

獻給 ——

法蘭西絲卡和艾爾，我們的父母（已逝世和仍在世的），
以及那些四條腿的家人，
讓我們的生活比我們能想像的更豐盛。

# 目錄

前言

# 重新看待談判學

1996年初，我們兩個人都在西北大學的凱洛格管理學院教書，有個學生來找湯瑪斯求助，問他該怎麼回應某個做生意的機會[1]，那名學生是某家大型製藥公司的產品經理，有個醫生提出要轉讓一項專利權，該公司過去十年都用來製造最有利潤的醫療測試包。以往這名醫生可以依照成功製造出來的測試包數量，每年收取權利金，而每一回權利金週期，醫生跟公司都會為了確切的成功製造測試包數量起爭執，醫生顯然厭倦了連年紛爭，提出要把剩下七年的專利週期賣給製藥公司，他開價三百五十萬美元。

回覆醫生之前，我們這名學生想讓湯瑪斯檢查他的分析，根據他們估算所付出的權利金在未來七年的期望值，看看他的公司最多應該支付多少。分析很複雜，顯示出該公司能支付的最高權利金是四百一十萬美元，以那樣的價格來說，公司買斷專利或是繼續跟醫生租用都沒有差別。

瑪格里特進來時，這個學生正在總結他的分析：他可以接受醫生的提議，立刻獲利六十萬，又或者如果他去談判一下，不要接受醫生的第一個提議，他很可能得到一筆更好的交易：「如果我可以讓他同意以三百萬左右成交，我就可以替公司賺進一百萬」，這位產品經理如此說道。「這會讓我很有面子——下一次升等幾乎可以確定了。」

「等一下」，瑪格里特說，她正在檢查這項交易的細節，「你還沒有準備好進行談判。」學生很驚訝—更令他驚訝的是湯瑪斯的評論：「她說的沒錯。」

我們這個學生遠遠跑在自己前面，在他心裡，他已經從這筆預期中的交易獲利一百萬了，因為他太過於受到潛在利益的吸引，還有那對他在公司未來的意義，他想出一個數字，接著就跳到顯而易見但卻不完整的離譜答案。

在這個學生的分析中，這場交易看似穩賺不賠，至少能替公司獲利六十萬—但是從醫生的角度來看，這樣開價一點道理也沒有，因為他實在要的太少了，「交易應該要對雙方都合理—而這個卻沒有」，瑪格里特繼續說道，「而且為什麼在出租專利權給你們十年之後，他決定現在該賣掉了？」也許，我們認為數字本身並不能說明事情的全貌。

湯瑪斯走向他跟學生用來估算的白板，不過這一回，他們從醫生的角度來看這樁交易。分析顯示，按照現在的約定，接下來七年內醫生能夠拿到的預期款項值大約是五百萬，「為什麼他願意開價三百五十萬呢？明明『現況』對他來說價值將近五百萬。」瑪格里特問道，眼看就要有結論了，我們這個學生使出最後一招想挽回他的升職：「也許醫生達不到現值，或者是——」

「或者是他知道某些你不知道的事情」，瑪格里特說。

　　這個學生落入了典型的談判圈套，他著重從自己的角度來分析，忽略了醫生那方面，他對完成交易後的前景著了魔，對自己最初的有利分析深信不疑，卻沒有做到任何盡職調查。

　　有三種心理因素促成了他的行為：熟悉故事的力量、混淆精準和確切，以及達成協議那種固有的吸引力。首先，該公司與醫生有長達十年的合作關係，我們的學生對這個專利跟合約所引起的困難再熟悉不過，他很容易相信，醫生決定出售專利權只是為了方便起見。

　　其次，我們的學生已經計算出該專利權的價值（到小數點以下好幾位數），那數字對他來說很合理，也承諾了一樁快速交易和豐厚的收益，但是儘管他的數字很確切，他卻沒做多少準確驗證。

　　最後，一旦展開談判──打從醫生率先開價，他們就已經開始了──達到「同意」常常讓人覺得就像是成功了，即使接受這筆交易並不符合各方的最佳利益。比如說，如果稱之為「協議」而非「選項A」，談判者就更有可能選擇對他們來說比較糟糕的結果[2]。這一切因素讓這個學生很容易採取下一個顯而易見的步驟：搞定交易，繼續前進！

　　受到這些心理因素驅使，這個學生很可能會急著要跟醫生完成交易──但是考量到我們的意見，他決定更進一步分析。諮詢過我們以後，該公司決定不再繼續與醫生交易，不到一年，這家公司採用了新的專利（並非由這名醫生所研發），比原來的更勝一籌，原本的專利基本上變得一文不值[3]。有系統地整合心理學原理和經濟估算，讓我們的學生跟他的公司都獲得了卓越的成果：他避免了浪費三百五十萬美元，也避免了錯失取得新專利獲益的機會，在我們的幫助之下，他採取了更嚴謹的方式來計算這筆交易對雙方的經濟價值，也承認心裡有壓力要達成交易—最後這些全讓他做出起初看好的樂觀分析。透過這樣的方法整合經濟和心理觀點，我們這個學生和他的公司都能夠獲得更多他們想要的東西：他們不僅避免損失三百五十萬美元去買一個就快過時的專利，也獲得了新技術的專利權。

　　我們在本書中討論的談判觀點可以追溯到1994年，那年夏天，凱洛格商學院的院長要求眾教師提出跨學科的商務之道，好讓經理人可以有所準備地面對現實世界，院長注意到，管理決策不屬於某一特定學科領域，不是會計、財金、組織行為或行銷，而是成功的經理人必須整合多方領域的知識。

　　院長的提議呼應了我們自身的經驗，在研究中結合經濟和心理學的觀點，能幫助我們了解組織領導人常犯的錯誤，讓我們深入了解他們可以有怎樣不同的作為，為此我們研發了新課程，納入做決策時的系統化心理反應和經濟學原理。院長的提議——以及我們的課程——預示了商業教育中連結行為和經濟觀點的趨勢，此一趨勢在未來十年裡流行起來。

但在1994年時，大部份同事認為我們提議把組織心理學和經濟學結合在一起簡直是瘋了，諷刺的是，聽完我們的提案之後，院長也這麼認為。這哪可能有什麼成效，他跟我們很多同事都懷疑，竟然放棄經濟合理性的信條——由明智守紀律的人類，做出能獲得最大效益的選擇——反而試圖納入讓散漫個人分心的衝動，不去做最好的決定？儘管如此（正如心理學理論所預測的），同事跟院長的懷疑只會增強我們的決心，實驗一定要成功，我們勇往直前。

我們替這個整合課程開發出新的模式，兩人的背景聯手，事實證明這是很重要的資產，讓我們能夠發展出比各別單打獨鬥時更加複雜的模式。湯瑪斯的學術基礎在古典經濟學，所根據的信念是人類會理性行事，從他的角度來看，人類確切知道在談判和做決定時，自己想要的是什麼，所作所為也能幫助他們達到目的。依照理性行為者的預測，行動和結果有直接關聯——經濟人——其他的一切，心理學、非理性之流，淡出毫不相關，根本完全可以忽略掉。

　　相較之下，瑪格里特的訓練著重在那些妨礙談判者實現想望的因素，在她看來，談判時雙方的願望和需求時常改變，即使沒有出現新資訊也一樣，情境特質諸如當事人的情緒、過往行為的重大影響，以及愛面子的念頭，可以預料都會影響他們的行為，在瑪格里特的世界裡，談判者往往會做出阻撓他們最佳利益的選擇。

　　我們兩人合作，很快學會尊重每門學科為這項研究和實踐帶來的洞見，不論是做一般決定或者是特別針對談判。經濟學觀點提供了基準點，我們可以據此判斷表現，社會心理學則幫助我們去了解、干預並融入可預料的行為——但並非總是理性的——包括我們自己和對方的：那些可能阻礙我們努力獲取自己想望的行為。

　　令我們高興（也鬆了一口氣）的是，我們在凱洛格學院創建的整合課程結果證明非常成功，湯瑪斯甚至在1996年獲得了聲譽卓越的「最佳教授」稱號。很大程度上，我們的成功來自於我們詮釋管理上成功與失敗的能力，不把那視為運氣的結果，而是有系統的—因此也就能夠預測—讓人得以處理並整合資訊。

　　很不幸地，這個整合課程只開課過兩次，因為瑪格里特很快就離開凱洛格去史丹佛商學院了，不過這段短暫的經驗讓我們對這個方法的價值深信不疑。這些年來，行為經濟學穩定發展，從兩門母學科的邊緣移到主流理論和實證研究，一路上對公共政策產生相當大的影響，也催生了許多暢銷書，包括《蘋果橘子經濟學》、《誰說人是理性的》、《推出你的影響力》、《快思慢想》，行為經濟學提供了新的方法，能用來理解許多人的系統性失敗，不論是為退休儲蓄，選擇成為器官居贈者或是挑選保健計畫，行為經濟學非常有用，因為整合了經濟學和心理學──這是我們過去二十幾年來，在商業上一直提倡的。

儘管受歡迎，這種整合式思考卻還沒有邁入談判的領域，我們希望這本書能夠有助於修正這樣的疏忽，讓談判實踐在新的科學時代與時俱進。

談判的標準方法長久以來多半都根據《成功談判力》與其嫡系後裔等書籍，起初，《成功談判力》似乎是談判書籍的完美書名，意味著達成協議的結果是每個協商者該企望的：協議＝成功，而達成協議的方法就是替對手和自己創造價值─赫赫有名的雙贏解決方案，這引出了成功的明確訣竅：盡可能創造更多價值，你就能達成協議，讓你更富有、更聰明、更快樂，或許甚至能更健康一點。更具體來說，《成功談判力》認為你創造的價值越多，你就能要求更多，你和對手之間的衝突也會減少，畢竟能夠瓜分一塊更大的餅，每個人都會比較開心。

如果這一切聽起來好得令人難以置信，確實如此，

《成功談判力》的訣竅雖然相當簡單且受歡迎，卻不能保證談判成功，就像食譜一樣，有特定的原料和理想的成果，不過食譜有時候也限制了廚師創新的能力，《成功談判力》的框架忽略了一個關鍵點：無論你在談判時創造了多少價值，重要的是你最終能得到多少，出乎意料的是，把創造價值視為主要焦點只會妨礙你獲取價值。

　　這是我們跟《成功談判力》的看法第一點最大不同之處：好協議能讓你更富有一能讓你得到更多你想要的，為了同意而同意沒什麼好處，當然除非你只在乎達成協議，不過要是如此，你也不必談判了，你只要接受對手的第一次開價即可。

　　在本書中，我們將告訴你如何思考、準備、實施策略，幫助你在談判中夠取得更多益處，談判的黃金標準不在於你和你的對手能夠創造多少價值，而是你能從談判中取得多少益處。

　　我們的書跟《成功談判力》第二點最大的不同，是書中的建議和方法都是根據數十年的談判研究而來，雖然光看故事和軼聞或許有趣，但重要的是知道通常什麼行得通—而什麼行不通。運用數十年實證研究的結果，我們費心分析了不同的策略，釐清哪一種最有效——軼聞和個別的經驗無法讓我們準確衡量表現，但實證研究可以，我們用運這些研究的結果，幫助你在談判時做出更好的決定，增加你成功的機率。

　　本書的第三個重要貢獻是讓大家知道，藉由整合來自經濟學和心理學的見解，你可以在每回談判時，更清楚地表達自己想要什麼，進而影響你的對手接受對你有利的結果。藉由了解你的對手，你能更富策略地釋出你所知道的訊息，得到更成功的結果。你也會更能掌握哪些資訊該分享，哪些資訊該保留給自己。你可以創造出價值，卻無損於你的能力，可以替自己爭取更多想要的。

　　我們對經濟學和心理學的獨到整合，從一開始就產生了令人驚豔的結果。第一次講授這門整合式談判課程時，我們談了很多該如何才能成為更好的協商者，包括預測談判者做什麼會讓事情惡化，這讓我們能夠制定策略，以介入來改善學生在協商談判時的表現。

　　想一想你會有什麼反應，如果有個買家接受了你的二手車開價？你高興嗎？經濟學理論認為你應該要感到高興，畢竟身為車主，你比任何人都了解那台車子，所以你決定的價值──你的開價── 一定是最極端的，然而你卻往往感覺很差──你應該要求更多一點才對！矛盾的是，如果買方有跟你談判，而你也同意了比你開價更低的價格，你會對這筆交易感到更開心，從經濟學的角度來看，這種反應一點道理也沒有，你看重金錢──但錢少了你卻更快樂，不過從心理學的角度來看，你的反應在預料之中：大家對於包括談判協商在內的社交該如何進行，總是有所期待。首先你先開個自己也覺得極端的報價，對方接受的話，就擺明了你的開價不如你所想的那麼極端——你失望了，因為你認為自己應該要求更多才對，因此有策略技巧的買家不該接受你的首次報價，她應該要談判——讓你同意用更低的價格成交，讓雙方都皆大歡喜，她清楚你的期待，讓自己能以更低的價格得到車子，你也開心了，因為你得到的比預期中更多，即使那比你的首次報價還低，這才是個致勝的組合！

　　這只不過是其中一個例子，我們思考談判的方式，能幫助你在與人互動時，得到更多你想要的，包括同事、上司、配偶、朋友、敵人甚至是陌生人。下面有幾個其他情況的例子，我們的談判模式受到考驗—— 一次又一次地幫我們得到更多想要的。

## 乾洗店

　　格里特順道去她最喜歡的乾洗店拿衣服，老闆滿懷歉地告訴瑪格里特，他弄丟了她送洗的床單，表示願意賠償她的損失，問她要賠多少才合理。瑪格里特有個更好的解決辦法。她不要老闆賠償床單折現價（一百五十美元），她說他可以改用一條新床單價格的服務（兩百五十美元）來賠償，那樣一來，瑪格里特跟乾洗店老闆都會覺得比較好過，乾洗店老闆的成本也遠低於瑪格里特的獲益。她得到價值兩百五十美元的乾洗服務，而乾洗店老闆只需要承擔一百二十五美元的成本——比他原本要賠償的金額少了二十五美元，此外他維持了對瑪格里特的商譽，也保住了生意。瑪格里特不光是創造了額外的價值——她也得到了更多的益處，讓雙方都更好。

## 姪子

湯瑪斯的姪子跟他住在一起，他沒有意識到一名十七歲的青少年會有多考驗人，尤其訝異於姪子週末的睡眠時數——不確定這表示他真的需要睡這麼多，還是這只是為了逃避湯瑪斯指派的家務瑣事。剛住進來的時候，湯瑪斯的姪子希望能得到允許，讓他在週六晚上可以開湯瑪斯的休旅車，湯瑪斯沒有直接了當地說好或不好，而是提出了一個有些不一樣的建議，因為湯瑪斯希望他能幫忙家務——特別是割屋子四周的牧草——他提議如果姪子願意每週六除草，他就可以在週六開車，湯瑪斯知道他姪子喜歡在週六睡大覺，但也熱愛大型的吵雜機器，雖然除草不是特別吸引人，但是湯瑪斯把開曳引機的機會跟家務雜事綁在一塊兒，還允許他使用休旅車，這一整套戰勝了他姪子想睡覺的渴望。這場交易一直持續到降下第一場雪。

## 朋友

　　瑪格里特有個朋友誇口他最近用「超划算」的價格買了一輛新卡車，他講著他的所作所為——協商新卡車的價格，接著協商把舊卡車折舊換新，然後協商延長保固期—瑪格里特知道他大可做得更好，把三個議題併在一起（新卡車、折舊交易、保固期），成為一樁協商而非個別談判，他可以把三件價值不同的事情納入同樣一樁協商裡——讓他能擁有更多優勢，取得更低的總價，不過因為他是瑪格里特的朋友——也很開心有了新卡車跟好交易——她想還是別指出他錯失的機會比較好！

## 院長

　　第四個也是最後一個例子有些複雜，不過也顯露了會讓協商變複雜的各種因素。好一陣子以前，凱洛格高階管理培訓課程的主任要瑪格里特擔任一家大型律師事務所客製化高階管理學程的負責人，這種職務會有相當多的額外工作，但是她仍然同意接受了，就在取得她認為會有額外補償的協議之後。後來她才知道主任對他們協議的理解非常不同，瑪格里特並不與他爭論，她判斷負責這個學程能得到的好處，不值得跟人起衝突，所以她主動提出辭去職位，讓另一個教師取代她。

　　主任堅持要她擔任學程負責人，但代價卻不是她認為他們協議好的那樣，為了克服僵局，他要瑪格里特的上司，也就是學院的院長，施壓讓瑪格里特接受他那版的補償方案。被叫進院長辦公室時——那種經驗很像是被叫進校長室——瑪格里特明白院長也希望她能接下那個職務，因為較大型的高階管理課程方案對凱洛格學院很重要，必須提交學程給客戶的截止日期也很緊迫。院長遞給瑪格里特一張紙說道，「寫下妳認為設計執行這個學程應該得到多少，不論妳寫多少，我都會批准。事實上，我會指示會計依照妳寫的數目支付。」

此刻瑪格里特發現自己處於薪資協商中屢見不鮮的位置，腦海中立刻浮現兩個選項，她可以寫下她認為當初他們已經講好的那個數目，又或者如果她以全然經濟學的角度來看待這個情況，如今知道人家有多　迫切需要她，她可以寫下一個大更多的數目，雖然事實證明，兩者都不是最佳解答。

瑪格里特面臨這項決定時，她已經研究談判超過十五年了，所以她知道伴隨著這兩項顯著決定的問題為何，如果她寫下一個大數目，院長很可能會把她的行為解釋為貪心——想趁著迫在眉睫的截止日期佔便宜，還有他非常希望由她來主持學程，提議讓她開價，代表的只不過是更大規模互動的第一步，這當中院長不斷更新他對瑪格里特本質的看法、她利己的程度，還有她對這個機構的投入程度，雖然短時間內她或許能得到比較多，利用這個局面卻會向院長流露出一種「現在有什麼好處給我嗎」的態度。

另一方面，如果瑪格里特寫下原來她所期望的補償數字──那畢竟是她曾經視為合理交易的數字──她可能會錯過從這次互動獲得更多益處的機會，新的局面──院長提議讓她選擇自己要的補償，還有主任願意讓院長出面，確保她會接下學程─立刻讓她認為這是個機會，能夠獲得更多她想要的。在這種情況下，就不只是錢的問題了，如今她有機會表示善意，也讓院長有契機可以同樣釋出善意。

因此，院長要她開個數字時，瑪格里特把那張紙遞回去給他說道，「請你決定設計執行這個學程，我該得到多少補償吧，你認為多少才恰當我都接受。」院長驚訝地抬起頭來，接著笑了，他拿回那張紙，寫下一個數字後再還給她，他的數字事實上超過瑪格里特認為自己原本同意的數目，結局是：她籌劃執行了該學程，收入豐厚，而且贏得了院長的敬佩。

瑪格里特得到的比她想要的更多，她了解到一些關於院長的事情，有機會在佔她便宜跟慷慨行事之間抉擇時，他選擇了後者，知道此事起碼跟她得到的薪資一樣有價值，尤其是她預計雙方的關係會持續上許多年，同樣重要的是，她願意把局面的掌控權讓給院長，不經察看就接受他的提議，這非常清楚地告訴他，她期待他能重視她的長遠利益，所以到最後，她全盤皆得：更多金錢、院長讚許的評價、以及把機構利益置於個人利益之上的名聲——一個愛國者。

這種策略要奏效，當然了，一定要院長跟瑪格里特預期雙方會重返談判桌上，如果糾紛發生在當事人根本不願意再面對彼此的情況之下，我們的建議會大幅改變，在那樣的情況之下，經濟學家的方案、寫下有可能被接受的最大數目，可能是主要的解決方法。當然了，在這樣的情況之下，首先院長就不可能會那樣提議，也增加了一種可能性——跟他所說的相反——他會回絕他認為太超過的開價。你從互動之中能夠得到的訊息會有很大的差別，看是你要求X元（並且也得到那樣的金額），還是對方主動提出要給你同等的金額，看清長期夥伴的本質是無價之寶！

良好的談判結果需要的不只是一廂情願或運氣——不過知道該怎麼更有效地談判只是成功的要素之一，也需要有紀律才能得到比你想要的多更多。在談判者的發展、照料和培育上，訓練是個常常受到忽視的要素，因為這並非可以從單一本書（或很多書）上學到的！

有紀律需要練習——但要想發揮效用，你必須結合

訓練與知識，你得知道何時該轉身離去，並且有紀律地
貫徹執行──就算乾脆說聲「好喔」要簡單得多，你需要
受訓練才能匯聚資訊：弄清楚對方想要什麼，你該分享
什麼訊息──該如何分享（或是不分享），也需要訓練才
能夠富創造力地思考可能的解決方案，讓對手同意，也
讓你自己好過些，而非屈就妥協，你需要訓練才能夠要
求、吸引你的對手，參與這叫做談判的社會交換。

　　這本書是寫給想找到談判以及想避免談判的人──
還有那些想知道自己是否能更有效協商的人，而他們確
實可以。我們的方法為有效協商提供了路徑圖：讓你更
有見地，明白在談判中你想要的是什麼，以及如何制
定、實行計劃以達到更好的成果，無論那些成果是用什
麼測度來定義的，你有興趣爭取的益處並不僅限於更多
的財富，或許你想要的是更好的名聲、更可預料的環
境，在團隊或組織做決定時，能有更多的影響力，工作
上更有安全感，或是其餘百百種對你獨一無二的價值層
面；你所想要的就像你面臨的情況，都不太一樣，但是
在各種情況之下，我們這種整合了經濟學和心理學的角
度，都能幫助你得到更多你想要的。

　　在接下來的章節裡，我們不只分享了自身的故事，
也有客戶、學生、團體的，不過名字和可供辨認的細節
都已經改掉，以保持匿名。我們精心挑選每則短文，所

呈現出來的各種策略和戰術，都經過我們的研究（以及世界各地的同行研究）證明有效。

把我們的方法應用在談判協商上，你就能回答過程中出現的各種問題。

- 何時該談判？（第一章）
- 如何知道怎樣才算一門好交易？（第二章）
- 何時該轉身離開？（第二章）
- 想要取得價值與創造價值的時候，需要考量哪些交易？（第三、四章）
- 你該知道（或者試著去找出）對手的那些事情？（第五章）
- 哪種資訊能幫助你取得價值— 哪種資訊有害？（第六章）
- 何時該先開價？（第七章）
- 該如何填補你在對手知識的不足之處？（第八章）
- 你能用什麼策略來鼓勵對方讓步？（第九、十、十一章）
- 如果對方是個團隊，或是面臨多人對手的時候，你該如何改變策略？（第十二章）
- 何時該考慮從談判轉為拍賣？（第十三章）
- 該如何結束談判？（第十四章）

　　這本書分為兩部分，各部分的順序對應了在你考慮及落實談判時會派上用場的次序。第一部分實際上是新手訓練營，包含了談判的基礎，從決定是否該進行談判開始，一直到大多數談判的基本架構，雖然比較有經驗的讀者或許會想略過不看，但是這些章節提供了框架，是我們用來建構本書主要部分的基礎──所以即使對經驗老到的讀者來說，也值得一讀。我們著重在資訊交換的策略基礎，那是成功談判所必需的，還有計畫及準備的方法，能幫助你爭取到更多你想要的。

　　在第二部分裡，我們著重在那些會鼓動我們跟對手行事把談判複雜化的因素，你是否該率先開價或是讓對方先開價比較好？該如何回應威脅？置身團隊進行談判時，會有什麼獨特的挑戰？談判變得情緒化時，你該怎麼做？該如何減輕沒有力量的負面缺點？在最後一章裡，我們總結討論了在達成協議之後，你該謹記在心的事情──特別是如何降低把價值留在談判桌上的機會，以及如何降低協議在最後關頭失敗的機會。在談判中，就像其他許多事情一樣，看似結局的事實上卻是另一個開端──另一個可以得到更多你想要的機會。

# PART 1

# THE
# BASICS

## 談判的基本概念

# CH
# 1

# 你為什麼不談判？
## 選擇談判的好理由

　　去年夏天，瑪格里特坐在辦公室裡，收到一封來自院長的電子郵件，內容是有關於近來她的授課學分計算方式，教務長（院長的上司）想要讓學校裡每一門課的學生上課時數與教師所得的學分數變得一致，因此從現在開始，所有短期課程都將從0.6學分降為0.5學分。瑪格里特每年得開設三個單位的課程，才能符合她的教學工作量，這則看似無傷大雅的備忘錄，表示她不只要教五門課程，現在得教六門課了。

　　這引起了瑪格里特的注意，立刻要求與院長會面。她事先準備了一些問題和幾個提議，碰面時，她先請院長詳細說明改變的理由，他說他只是遵守教務長的要求，用個普遍的方法讓教師授課學分跟學生上課時數一致。

　　這給了瑪格里特她需要的開場白，她知道一些院長不知道的資訊，她的短期課程中，每一堂課都會超出規定的時間——對那些期待要準時下課的學生造成了問題，起初，她把這視為講授實驗式課程得付出的代價，只是這對她的學生來說一直是個問題，某種程度上對瑪格里特來說也是，不過收到院長的備忘錄之後，她看出她現在有機會了。

　　她授課時數所值的學分比課表上看起來還要多，瑪格里特把這個訊息告訴院長，接著提出另一個——更好的——解決方案，她建議院長增加課表上的時數（反映實際狀況），而不是減少她每堂課的授課學分數，院長欣然同意了這項提議，她的授課量又回到五門課了。

　　史丹佛商學研究所有超過一百名教師——但除了瑪格里特以外，沒有人把這封電子郵件視為協商的機會，視為是能解決的問題，為什麼只有她呢？是什麼讓她的同事屈服了，儘管大家在走廊上抱怨不已？有個解釋是，他們沒把這樣的交流看作是談判協商的開頭，沒想過要創造更好的結果，畢竟這是教務長辦公室指派下來的決定。

　　如果你也像瑪格里特的同事，你大概認為談判只侷限在某些情況下才適合，你只有在牽涉到大筆金錢的時候才會去談判，但你不知道的是，日常生活中的常見活動，往往有機會能讓你得到更多你想要的，比如說，你或許會願意為了買車子或房子談判，或是攸關契約關係的時候，像是一份新工作，但是即使在這些情況下，很多人還是就這麼照單全收，當然了，很少有人意識到在百貨公司購物也是個談判的機會。這正是瑪格里特同事的思維模式，他們或許會對補償討價還價，但卻不去計較分配課程學分數的小異動—不管那會有怎樣的後果。

　　舉個更通俗點的例子，像是會議好了，幾乎每個人都參加過會議，不管在工作上或是團體裡的，你被要求參加會議，為什麼呢？最常見的原因是你握有資源——包括有形跟無形的——而召集會議的人想要接近那些資源，那些資源也許是你的時間、專業知識、政治資本、財政捐助或是支持，你為什麼要參加？因為其他人有你想要接近的資源，他們也許有專業知識、關心，或是掌握了你想要的資源；正式議程或許是為了準備某個資深經理的報告，或者是為了規劃志願服務，但是這些會議的情境與談判協商有關——你能貢獻哪種短缺的資源，你又希望能從與對方的合作中獲得什麼。

有時候，為了相當平淡無奇的事情談判似乎有些令人不安，特別是情況牽涉到朋友或家人的時候，然而你的不安可能是源於你把談判視為衝突，會有贏家和輸家——在衝突裡，你得到的任何東西都是以他人為代價，這當然會導致不安，因為大部分人認為這種看待事情的方式與親密關係並不相容。

但要是你把談判協商看作是解決問題呢？別把談判協商當作一種零和遊戲，我多得了你就會少拿，把談判協商想成是某種情況，當中有兩個或兩個以上的人做出決定，每個人要給予接受些什麼，透過相互影響說服的過程，提出解決方法並商定共同行動之道。

這個更廣泛的談判協商定義——回應了有爭議或短缺的資源——能讓你看見從前沒發現的的談判協商機會。這樣的觀點也可以緩解另一種擔憂——擔心要是你展開談判，他人會認為你很貪婪、苛刻，令人不愉快，誰願意被視為總是要求更多、要求特別待遇的人呢？

如果你只是在面對資源短缺時才提出要求，那麼你有充分的理由擔心，但這正是我們的重點，把談判協商看作是為自己找出更有效解答的方法（而對方也能同意），有助於把談判協商從單純地要求更多轉化為一種交換，這當中你可以解決對方的問題，也可以解決自己的問題。

　　第一個挑戰是決定何時該接受現狀，何時該展開談判——又該怎麼分辨不同之處。讓我們從簡單的開始：何時不該談判？

## 不談判或許才是正確選擇的時刻

　　談判要花時間——你得思考、收集資訊、制定策略，因此答案很簡單，談判的代價超過潛在的好處時，就不要談判。如果你要賣車，也不特別急著成交，你或許寧願標上價格等待買主出現，而不是花時間跟人討價還價，那可能還永無法達到你的標準，或是如果每個人結帳時都想為每樣商品的價格談判的話，想想那樣一來購物得花上多少時間。

　　因為認為眼前的事情太重要了，你也會想要避免談判，不能冒險讓對方轉身離去。有個好例子是湯瑪斯和瑪格里特在找第一份學術工作的時候，湯瑪斯去了許多學校面試，有九間給他教職，瑪格里特去面試的學校比較少，只得到一個教職。湯瑪斯協商了自己的薪資，瑪格里特卻沒有，瑪格里特擔心試圖跟第一個雇主亞利桑那大學談判，可能會讓校方退卻，因此她簽了合約用快遞寄回去。

　　為何湯瑪斯願意承擔被拒絕的風險，而瑪格里特卻不願意呢？最大的不同在於湯瑪斯有另外八個選擇，而瑪格里特一無所有；另一個極端的例子是，想像有個情況，一個持槍的陌生人對你說，「要錢還要命！」就算是湯瑪斯也不會把這當成協商的首次報價，他不會反駁說，「給你一半錢，命我留著怎麼樣？」湯瑪斯會乖乖把錢交出去，從第二章開始，我們會探討有──以及沒有──其他選擇，會如何改變你的談判，該協商些什麼，該不該協商，就像你可能因為攸關重大而不去談判，你也有可能因為太過無關緊要而放棄談判，比如雜貨店的例子，你或許選擇不去談判，因為即使寬大評估潛在的好處，也遠遠比不上你花費的時間、排在你後面人群的惡意，或許還有大庭廣眾之下這種行為得承受的壓力。

　　避免談判的最後一個原因是缺乏足夠的準備，如果你沒時間、沒意願或是沒資源去規劃，也許避免談判會比較好，然而有時候，突如其來的談判機會令你感到措手不及，那就表示你想得不夠長遠。有時候學生會承認，跟雇主談話時，他們認為過程才剛開始，時候還早，招募人員卻出其不意地問道：「那麼要怎樣你才肯來這裡？」或許在那一刻這個問題很出乎意料，但這顯然是任何一個求職者都該想到的，最有可能的是，求職者不想去思考答案，因為那樣一來他們就得接受談判的機會，躲不掉了。

　　辨別成功談判者的主要因素之一，就是他們談判事前規劃的素質，越有準備，你就越能掌控，更有能力預測對方想要什麼，進而找出富創造力的解決方法，簡而言之，準備可以讓談

判轉為勝局，讓你和對手可以找出雙方都比較好過的解決方法
──讓對方答應。（如果你現在就想深入了解該如何為談判做準
備，你或許會想直接跳到第五章。）

## 選擇去談判

　　大家是怎樣選擇去談判，又應該如何選擇？這兩個問題的
答案並非總是一致，想一下姐妹倆都伸手拿水果盤裡的最後一
個柳丁，兩個人都想要，但只有一個人能得到，所以她們爭論
起誰才該得到那顆柳丁，如果她們跟大部分的手足一樣，那麼
解決方法很直接了當，她們妥協，姐妹倆其中一個把柳丁切成
兩半，另一個先挑她要的那一半，兩人很快解決了問題，雖然
都只得到一半自己想要的。

　　不過要是姐妹倆都花點時間找出對方為何想要那顆柳丁，
就可能出現一個截然不同的解決方法。分完柳丁之後，姐妹倆
一個拿她那半柳丁搾汁做成冰沙，另一個削下外皮做糖霜。她
們原本都能得到更多她們想要的，如果她們肯花時間了解對方
想要什麼。

　　有時候，選擇最簡單的妥協事實上會讓你的情況更糟，這
是典型的──通常也是很糟糕的──捷徑，並且絕不是唯一的
一個。試著評估是否該展開談判的時候，你會發現自己依賴另
一個常見的捷徑：找尋支持的證據。

　　我們自己的心理可能是我們最大的敵人，人類不喜歡不確定，因為可預料才能增加我們的掌控感，一切你觀察到的、人家教給你的，還有你從經驗中學到的，建立起一系列的個人理論，關於世界如何運作、事情為何發生，以及眾人為何會有那樣的行為。當遇到環境中能支持這些理論的訊息時，你會覺得心安。然而遇到訊息駁斥你的個人理論的時候，會讓人覺得心煩意亂。

　　為了避免自己對這世界的理論破滅，人類發展出「確認偏差」，傾向於把訊息用能夠確認自己先入理論的方式來詮釋。

　　確認偏差的確是個大問題，首先就阻止了很多人談判，比如說，如果你根本就不相信談判是個選項，你的確認偏差會讓你甚至連試都不想試──就算事實上談判是個完全合理的選擇，很多人相信談判會導致衝突，而衝突一定要盡量避免，除非攸關重大利益，不願談判加上意料之中的確認偏差，讓大家錯過了寶貴的談判機會。

　　當然了，尋找有利證據會雙向作用，如果你熱愛談判，你可能會高估好處、低估代價。客觀來說，你也許不想承擔聲譽的代價，淪為那種老是企圖想得到更多的人之一，要是你的確認偏差導致你太過頻繁地談判，下回展開新談判之前，你或許會想要深思熟慮一番。

　　確認偏差不是阻止大家參與談判的唯一心理機制，性別也起了作用，有充分的證據顯示，相較於男人，女人比較不會提出談判。最好的說明也許是琳達‧鮑柏克（Linda Babcock）[1]和莎拉‧拉薛維（Sara Laschever）所合著的《女人要會說，男人要會聽》一書，兩位作者發現，在一份針對卡內基美隆大學的企管碩士生調查裡，畢業生中男性比女性的起薪高出百分之七點六。乍看之下，我們大部份人會做出結論——也許是確認偏差造成的——認為這個研究只不過證實了我們早已知道的事情：平均而言，女人的薪水低於做同樣工作的男人[2]，但這樣的結果可能是由兩種不同的方式造成的，可能是公司主動歧視女性，或是女人跟男人得到工作時的表現不同。

這兩種傾向似乎都有責任，本次調查的參與者在被問到是否曾嘗試協商更高的薪水時，只有百分之七的女人說有，相較之下則有百分之五十七的男人這麼做，但令人驚訝的是，作者發現，不論男女，這些試圖談判起薪的企管碩士畢業生成功率並沒有差異，那些真正去談的人（大多數是男性），平均而言成功地增加了百分之七點四的起薪：幾乎恰好是男性跟女性的起薪差異，很顯然地，要是男性跟女性企管碩士畢業生試圖談判較高薪水的人數相等，起薪那百分之七點六的差別就會大幅度降低了。

女性往往會錯過比較沒那麼明顯的談判機會。在2006年的美國公開賽中，有個新的即時重播系統，讓選手能挑戰落點判斷，男女選手提出的挑戰得到認可的比率大約是三分之一，然而，在等量的美國公開賽中，男性挑戰了七十三次判斷，相較於女性只有二十八次[3]，雖然可以想像或許裁判在仲裁女子網球賽時，比男子網球賽更準確，卻無法忽視另一種假設：女性—即使是那些技巧最為純熟的專業網球選手—比較不願意去多做要求，因為這表示得要求裁判覆議判斷，質疑裁判的判斷會造成衝突，女性或許會把這種行為視為跟她們認知中的良好運動家精神相互矛盾。

身為女性顯然不是阻止大家參與談判的唯一因素，有百分之九十三的女性並未要求更高的薪水，但也有很多男性沒有要求，不論你的性別為何，你都有可能擔心要求不同的待遇會讓你顯得貪婪或苛求，所以你可能會接受人家的首次開價，畢竟，那些真正去談判的人，也不過才多得了額外的百分之七點四，那樣的好處或許不值得賠上潛在的聲譽成本（或是冒著丟了工作的危險，儘管那非常罕見）。

然而起薪的小小不同，會隨著時間而變成顯著的差異。為了讓你了解差異究竟有多大，假設有兩個資歷相當的三十歲求職者、克里斯和弗雷澤，都得到同一家公司完全相同的工作，年薪十萬美元，克里斯談判獲得加薪百分之七點四，年薪變成十萬七千四百美元，而弗雷澤則是接受了最初的條件。兩個人都在這家公司待了三十五年，每年調薪百分之五。

如果克里斯在六十五歲退休，弗雷澤必須再多工作八年，退休時才會跟克里斯一樣有錢，考慮一下，克里斯的薪資跟弗雷澤的薪資唯一的不同之處，就是當初克里斯談判得來的那百分之七點四。

　　這還只是保守的估計，那八年的數字顯示出來的狀況，是公司每年都完全依照同樣比例給克里斯和弗雷澤調薪，但要是公司對待兩人的方式不同呢？並且這正是因為克里斯要求的薪水比弗雷澤高，衡量一個人對某個組織有多少價值的簡單方法，就是看人家付他多少錢，因此公司會認為克里斯比較有價值，比較有價值的員工調薪比較多，把克里斯的年度調薪改為百分之六，相較於弗雷澤的百分之五，這表示三十年之後，克里斯每年會比弗雷澤多賺十萬美元，這樣一來，弗雷澤得在克里斯退休之後，再多工作四十年才追得上。現在你要不要重新想想談判的好處？

　　這個例子凸顯了弗雷澤過去那一次不談判的決定，當初下決定時或許看似無關緊要，但是弗雷澤會在幾十年之後感受到那個決定的影響。雖然我們並不建議你每次社會交換都談判，你還是應該考慮一下不談判的長期成本。

　　這樣假設並不離譜—就像這個例子——你的雇主對你的評價，可能會受你的薪資多寡影響！在最近一項研究中，研究人員端上兩杯同樣的酒，但是告訴受試者其中一杯四十五塊美元，另外一杯五塊美元，受試者不只說他們比較喜歡四十五塊那杯酒，喝的時候大腦體驗快感的區塊也顯著變得比較活躍，相較於飲用五塊那杯酒時的大腦活動。這些研究人員證實了價格意味著品質，以及（認為）價格比較高的酒在生物層面上改變了個人體驗的本質[4]。顯然老闆對你表現的評價，比起你的品酒要複雜得多，不過這個實驗顯示出你——還有你老闆——可能會因為你越貴就對你評價越高！

以上網球、品酒的例子，還有你談判的意願，這些有什麼共同點？那就是結果會受到你的期望影響，你期望昂貴的酒會比平價的酒更怡人，這樣的期望改變了你的體驗方式，同樣地，擔心他人認為你太苛刻、貪婪或是惹人嫌，會造成你審查自己的行為舉止——不管是挑戰裁判的判斷，或者是發起談判。

你的環境和經驗結合起來，確立了你的期望，何時適合談判，在不同的文化裡有不同的規範。美國人大多往往把非例行、較花錢的互動視為可談判協商的，中東人士則延伸了他們的界線，涵蓋各種交易，大至組織合併，小至市集買賣。這些文化例子是國家或地區特有的，不過在這些情況下，與你比較親近之人的行為——例如家庭成員、良師和角色楷模——也確立了你的期望，如果你的爸媽願意去談判，即使在不尋常的地方也一樣，比如華麗的百貨公司，你就會把購物當作遠足，用截然不同的眼光去看待，比起要是你的父母認為多做要求是不可接受或不合宜的話。

根據這些因素的任意混搭，包括你的親身經歷和觀察，你大概會有相當堅定的想法，認定談判中該期望些什麼，不過因為期望會激勵或妨礙你的表現，了解其運作方式非常關鍵—還有如何運用才對你有利。

## 期望的力量

期望具有力量，因為那是你替自己設定的目標。如果你把期望放得太低，你就無法發揮實力；如果你的期望太過極端，也許無法達到──你很可能會失望。重要的是表現，設定目標的目的不是為了達到目標，而是為了改善表現，確立期望能樹立起你想追求的標準，為了得到更多你想要的，你能做的重大改變之一，就是確立更高的期望，即使你沒辦法達到，確立更高的期望會改變你的行為──帶來更好的表現。

期望的力量強大，事實上，他人的期望──就算我們一無所知──也會影響我們的表現。有項著名的研究證實了後人所熟知的畢馬龍效應（Pygmalion Effect）：小學教師不自覺地表現出鼓勵或讓學生喪氣的行為[5]。最近，研究者探討了另一個心理現象，稱為刻板印象威脅：大家擔心證實自己所屬團體的負面刻板印象，這會產生焦慮、減少期望、降低表現[6]。

一個刻板印象影響表現的常見例子，就是認定白人運動員成功是因為他們聰明（運動智力），而黑人運動員成功是因為他們有運動細胞（天生的運動能力）。白人與黑人運動員被告知表現反映出他們的運動智力之後，打起高爾夫球來，黑人選手的表現不如白人選手；若是告訴他們表現反映出他們天生的運動能力，白人選手的表現就不理想。

如果你會打高爾夫球，你大概不會被說服，有很多事情都會讓你在賽局中打退堂鼓，你可能不認為數學也是這麼一回事，不過想想亞洲女性，她們名列兩個相互矛盾的刻板印象之中：「亞洲人擅長數學」和「女性不擅長數學」，為了測試這一點，研究者事先告知兩組不同的亞洲女性這兩個刻板印象其中之一：擅長或不擅長數學，學生必須詳列自己的性別，藉此喚起「我不擅長數學」的威脅，她們的數學測驗得分遠低於相對的另一組女性，那一組要確認自己的種族，喚起了「我擅長數學」的刻板印象，不會造成威脅[7]。光是列出自己的性別，就足以製造刻板印象威脅，壓制亞洲女性的能力。

期望不管來自我們自己或他人，都能驅動行為。想想這一點：在決定給多少薪水之前，眾家經理知道他們可能得要解釋調薪多寡的理由，相較於工作表現相同的男性，他們給女性的調薪比較少[8]，這些經理似乎根據他們的期望來調整分配：男性要求比較多——但並非所有的男性，有些人對得到的調薪滿意，因此為了儘量避免男性找上門來要求更多，可能一開始就會給他們加薪比較多；相較之下，經理預計女性會就這麼毫無異議地接受調薪，所以他們先發制人地給男性多一點。這也就難怪了，有這樣來自雇主和女性雇員降低期望的循環，女性收入會比同樣職位資格的男性少得多。

想改變這種循環需要一個起點——也就是改變你對談判可能性的期望，畢竟如果你真的開口要求也不抱太大的期望，你不要求或是要求很低也就不足為奇了。你對談判的正確性越沒有把握，就越有可能接受比嘗試談判後能得到的更少。

　　一份針對美國頂尖商學院的研究顯示，角色期待在決定報酬上扮演著舉足輕重的角色。該研究顯示，哈佛商學院的女性企管碩士畢業生接受的起薪，比男性畢業生低了將近百分之六，即使控制了所進入的產業、唸碩士前的薪水、職能專業領域和受雇的城市，更糟的是，哈佛商學院的女性企管碩士所得到的年度分紅，大概比男性畢業生低了百分之十九。薪水和分紅的主要決定因素，似乎是他們的期望，他們的期望越不明確，男女畢業生之間的差異就越大，不過，期望在提供有關當前薪資和分紅的資訊之後變得均衡了，談判的行為和產生的結果男女一致，類似的期望會得到類似的結果。[9]

　　另一項研究顯示出期望的力量——尤其是負面期望——有多麼容易影響談判協商的能力。在這項研究中，數量相等的男女受試者隨機分成兩組，第一組被告知談判者不會得到好結果，憑藉自私、過度自信、霸道的協商風格，過度理性分析他人的偏好，以及受限的情緒表達——全都是男性行為的刻板印象；第二組則被告知他們會得到不好的結果，要是他們只對直接問題顯得有興趣，只憑直覺或是聆聽技巧讓談判前進，或是情緒流露——全都是女性行為的負面刻板印象[10]。

　　事先得到這些暗示之後，受試者列出他們對自己在談判中表現的期望，接觸了男性負面刻板印象之後，男性協商者預期自己的表現會比女性差得多；接觸了女性負面刻板印象之後，女性受試者預期自己的表現會比男性差得多。

　　不意外地，這些期望與受試者在談判中真正的表現高度相關，男性談判者勝過女性談判者，在雙方都接觸了女性負面刻板印象之後；女性談判者則勝過男性談判者，在雙方都接觸了男性負面刻板印象之後。

　　這些研究的教訓很清楚，如果你想改變你的行事方法，包括談判、品酒、決定工作上該接受的待遇方案，或是在數學測驗上的表現，那麼重要的是每一回都要確立適當的期望，這樣做可以讓你在獲得更多想要之路上取得絕對優勢——不管是更高的薪水、更令人滿意的酒，還是更好的測驗成績。

## 摘要

　　每一天，你都有機會談判，大多數人錯過了這些獲得更多想要事物的機會，因為他們對何時才是談判的恰當了解有限，為了充分利用這些機會，你需要擴展你的眼界，弄清什麼能談判協商，什麼沒有商量的餘地。

　　資源稀少及社會衝突的情況尤其是談判的好機會，面臨這樣的情況時，評估你是否能透過談判來到更多你想要的。

　　本章重點總結如下：

- 談判協商的益處可以應用在各式各樣的社會衝突上，即使這些衝突最初可能不像典型的談判機會。

• 審慎評估每一個潛在的談判機會很重要，儘管有許多進行談判的機會能讓你變得更好，你得考慮如果展開談判所必須付出的代價。

• 即使你看見談判協商的機會，你對談判的不安可能會導致你過份重視得付出的代價，忽略了進行談判的好處。當心確認偏差：如果你對談判感到不安，你往往會對周遭的機會視而不見，因此別全盤相信那種不安的感受。

• 期望驅動行為，如果你為談判設定高期望，你就會表現得更好，你或許沒辦法達到你設定的標準，但是記住了，談判的主要目標是為了達成更好的交易，而不是為了達到你自己的基準，設定更高的期望能帶來更好的表現，就算你沒能真正達到自己全部的期望。

CH
# 2

# 創造共同點
## 談判的基礎架構

　　所有的談判都是交換，但並非所有的交換都是談判。交換和談判讓你可以把自己的現況、處境或解決方法換成新的，在交換中，你把現況換成自己比較喜歡的，但雙方都不去改變交換的預設條件，比如說，在典型的交換裡，賣方定價，而買方同意；相反地，某一方可能率先開價，而這只是談判的開端，除此之外，你可能會就這樣接受對方的開價──那麼我們就稱這為交換──你也可能拒絕，開出還價，如此一來談判就開始了。

　　在大部份的交換裡，價值是由你和你的對手一起創造出來的（例外是非自願的強制交換，例如搶劫──這不在本書的討論範圍之內！）比如說，你花五塊美元買了一條麵包，購買創造了價值，因為比起五塊美元，你更在乎麵包，而麵包店老闆則重視五塊美元更勝於麵包，因此價值創造出來了，你們都得到了自己比較重視的東西，換掉了比較不重視的。

　　為了確定交換中能創造出多少價值，我們需要知道雙方的保留價格，也就是買方願意付出的最高價格、賣方願意接受的最低價格，舉例來說，假設你認為麵包值六點五美元（也就是說，你不在乎是花六點五美元買到那條麵包或是留著你的錢不花掉），同樣地，麵包店老闆不願意以低於二點五美元的價格出售麵包，這樣的交換就創造出四美元的價值，一點五美元是你的（6.50減5.00美元），二點五美元是麵包店老闆的（5.00減2.50美元）。

　　現在再把談判的成分加進這場交換，麵包店老闆訂定的價格是五美元，你想要麵包，但是相信可以得到更好的交易，你希望能用兩美元買到──你的渴望價格──因此你用兩美元跟麵包店老闆還價，如果交易最後談成了，協議價格大概會介於麵包店老闆開價的五美元和你還價的兩美元之間，假設麵包店老闆降價為三塊美元，相對於原本的交換，這樣的談判沒有創造出附加價值，但是你得到了額外的兩美元價值，那是麵包店老闆同意降價時所失去的，這就是價值取得，你透過談判得到三美元的麵包，而不是最初開價的五美元。

　　當然了，這一切全都基於一項重要的假設──你和麵包店老闆對金錢價值的看法一致，要是你和麵包店老闆對金錢價值的看法不同呢？假設她認定每一塊錢的價值大於你的─或許你吃剛烤好的麵包吃得很愉快，她卻得擔心自己新開張的麵包店是否能成功，如果她比你看重每一塊錢的價值，交換的價格越高，就能創造出越多價值，價格從三美元變成五美元，對麵包店老闆的價值，大於你額外多付兩美元的成本。不過因為這只是單一議題──麵包的成本──你沒有誘因多付錢，就算增加金額的價值對你來說比對麵包店老闆低。

　　但情況有可能改變，如果麵包店老闆能提供對你有價值的額外之物，也許是新鮮現烤這一點，要是你願意付三美元買一條麵包，那麼你願意付多少錢買一條剛出爐的麵包呢？如果麵包店老闆比你重視金錢，而你重視剛出爐的麵包香氣和滋味，更勝過她為你客製化生產麵包的成本，那麼你可以多付一點

——比如像是五塊美元——要是她願意馬上為你烘培麵包的話，這樣一來，她能夠得到她比較重視的：金錢，而你也能夠得到你比較重視的：剛出爐的麵包，這就是透過談判來創造價值。剛出爐的麵包對你而言，價值比你同意額外多付的兩美元更大；對麵包店老闆而言，客製化麵包的成本低於她用剛出爐麵包換來的兩美元，你和麵包店老闆各自得到你們比較重視的：她——金錢，你——剛出爐的麵包。

　　從交換中創造出價值，到明白在談判中也可以創造出價值，這需要你和談判夥伴深思熟慮且富策略地互動，取得更多價值的方法之一，就是在談判中創造出更多的價值，藉由創造更多的價值，你就可以要求更多，但是要小心，前者並不能保證你就會得到後者，事實上，要是思慮不周，即使已經創造出更多的價值，你還是可能會得到更少，因為你在創造價值時所透露的資訊，讓你的對手能更輕易地得到更多，對方可以善加利用額外的資訊（詳見第四章）。

　　能創造或取得多少價值取決於談判，你想要的是一樁好交易，不只要達到你的目標，最好還優於其他替代方案，超過你的保留價格，盡量接近你的渴望價格。在下一節中，我們仔細探究了確立你想達到目標的有系統方法，接著我們會測定這些因素在你的談判整體成功上有多少貢獻。

## 確定目標

　　談判者會有不同的目標，甚至是多元目標，比如說，為了購買新車而談判時，通常你會著重在價格越低越好；在其他談判裡，你的目標或許是為了打敗對手，或是儘快達成協議，然而還有一些談判，你或許是想改善與對方之間的關係，就算那表示你得犧牲某些眼前的利益。

　　這點似乎很顯而易見，在展開談判之前，談判者心裡應該有明確的目標，但很多人都沒能遵守這個最基本的原則，很多談判者展開過程時，都還沒確認他們希望達成什麼，更不用說要如何達到了。此外，除非你很清楚了解目標是什麼，不然你就是冒著在激動的談判中越弄越糊塗的危險，的確，談判者常常忽略了他們最初的目標，要不是只專注在想比對手得到更多，就是採用快速協議，以避免令人不安的情況發生。

　　正如前言裡所提到的，談判者喜歡達成協議，然而協議並不總是等於成功[1]，事實上，成功的談判要能讓你得到更多你想要的——而不是只有達成協議。如果你對好交易的評價轉變為只想與對方達成協議，你不只重新定義了成功，同時也讓自己陷入到頭來可能會得到比較少自己想要的局面，一旦對方弄清楚你只想達成協議，他就佔了上風，主要是因為他可以藉此要求大筆盈餘，用以交換你很重視的結果：協議。我們強力建議你防範這種轉變在談判中發生。

　　為了避免忽略了你最初的目標，只為了達成協議而談判，你需要知道怎樣算是一樁好交易——還有怎樣不算，這表示你必須了解並明白你重視事物的價值，你必須訂定你的保留價格和渴望價格，你必須以一種不失專注的態度，聚焦在那些目標、保留價格和渴望價格上。

### 確立你的談判因素

　　要開始定義談判的因素，你必須確定你願意接受的最壞可能結果，這就是你的保留價格，是你不管答應下來或是選擇替代方案都覺得無所謂的時候。很明顯地，要決定臨界點在哪裡，你也必須評估你的替代方案，要是談判陷入僵局會發生什麼事情。

　　最明顯（也最普遍的）替代方案就是現狀——在你展開談判之前的情況，不過你的替代方案也可以是跟其他談判者的交易，總和起來，替代方案代表了你的安全網，或者是你轉身離開眼前的談判之後所能得到的東西，照理說，你不該同意任何比替代方案更差的結果。

　　很顯然地，你的替代方案越好，你就越是願意離開談判，因此平均來說，你就能在達成的協議中取得更多；因此，你最直接的力量來源之一，就是替代方案的價值。本質上，替代方案迫使你的對手起碼要「付出」與替代方案相等的價值，才能夠繼續談判下去，所以進入談判之前的準備，最重要的一點，就是確立你的替代方案：要是沒能達成協議，你還有什麼選擇？

當然了，你的對手也會有賦予她力量的替代方案，讓她大可轉身離去，可能迫使你「付出」好讓她留下來談判，事實上，研究顯示，擁有較佳替代方案的談判者，平均起來，能在談判中取得更多價值[2]。

在此請回想一下瑪格里特和湯瑪斯對他們第一份學術工作的反應，在第一章裡我們討論過：湯瑪斯有九個工作機會，而瑪格里特只有一個，顯然湯瑪斯因為有了這些替代方案，所處地位有利的多！他的確利用他的力量去談判，而瑪格里特則盡快簽下了她的第一份錄取的工作合約。

替代方案的品質也會影響你的表現，還有對方會怎麼看待你，良好的代替方案改變了談判行為的強度，擁有優良替代方案的談判者往往讓人覺得咄咄逼人、一心求勝，而手上替代方案較差的談判者，則給人富合作精神、溫暖、友善的印象[3]，因此分析對手的行為，可以幫助你三角測量出他們的替代方案，比如說，如果你的對手行為咄咄逼人，那很可能表示他擁有的替代方案，比你先前所猜想得更有利。

替代方案也會改變大家的行為，即使跟眼前的情況並不相關。想一想「好警察／壞警察」策略是怎麼運作的，因為大家透過比較來評估價值，好警察會讓壞警察看起來更壞，而壞警察

## 替代方案的力量

　　一個（或是很多個）良好的替代方案能夠顯著地改變你在談判中的行為，看看下列這個例子：

　　2000年時，美國商業週刊公布了每半年一次的企管碩士課程調查，史丹佛商學研究所排名十一，低得驚人，是有史以來最低的一次，如此令人訝異的低排名來自於各公司行號招募人員對史丹佛企管碩士生的惡評，提到他們在面試時態度傲慢，據稱史丹佛的企管碩士生現身面試時，往往穿的很隨便，比較適合去打高爾夫球而非參加面試。兩年後，史丹佛商學研究所整體排名第四，能夠如此翻紅上升的理由為何？

　　被問到這個問題時，院長表示，在隨後的兩年之中，他建立起職業生涯管理課程，著重傳達每個學生都代表史丹佛的重要性。從表面上看來，這些課程似乎似乎起了作用，因為2002年時招募人員對史丹佛企管碩士生的評價有了顯著的提升。

　　看看另一種解釋。2000年時，網路熱潮席捲矽谷，平均每個史丹佛企管碩士生會得到六個以上的工作機會，2002年這一屆就沒這麼幸運了，經濟惡化，平均每個企管碩士生還分不到一個工作，差異有可能並不是這些職業生涯管理課程所造成的，而是因為替代方案的數量和品質，替代方案比較差，這些學生在面試時比較沒有優勢，可能導致他們的表現較為恭敬有禮。至於原因是哪一個，由你決定囉！●

會讓好警察的提議更有吸引力，不過還有第三種替代方案：兩者都不要，因此，從理性角度看，不論壞警察的提議是什麼，其價值並不取決於好警察的提議，反之亦然[4]。

　　一旦確認了替代方案，你就可以訂出你的保留價格，保留價格是理性買方願意付出的最高價格，或是理性賣方所能接受的最低價格，是你真正的底線。在保留價格上，你不在乎自己是接受對方的提議或是轉身走掉，改為接受你的替代方案，你手上有的替代方案越好，你的保留價格就越極端。

　　理所當然地，賣方的保留價格下限是由他們的替代方案所設定的，而買方的替代方案則決定了他們的保留價格上限，不過隨著談判拖延下去，有些賣家會降低他們的保留價格（或是買家提高了保留價格），因為他們把已經付出的努力也考慮進去了，這種錯誤稱為沉沒成本謬誤，替代方案並不會因為談判花了比預料中更久的時間就起了變化，所以保留價格也不應該有所改變。

　　保留價格代表了最後的堡壘，你對協議魅惑召喚的抵抗，因此把你的保留價格想成是條紅線——一個你有自制力不去破壞的標準。想像你正考慮要跟黃牛買戲票，你已經考慮過你的替代方案，決定你最多願意付三十塊美元買票，但是黃牛想賣你六十塊美元，經過一番討價還以後，黃牛降價到三十一塊美元：比你的保留價格多了一塊美元，你相信這是他願意賣出的最低價格了，你該怎麼回應呢？

　　大多數人會接受他的開價，破壞自己的保留價格，要這麼做，他們會找理由說明為何三十一塊美元其實很划算，儘管這違反了他們三十塊美元的保留價格，比如說「我讓他從最初的票價讓步了二十九塊美元」，或者是「只不過比我願意付的價錢多了一塊美元，我的時間至少也值那麼多錢吧，而且我聽說這齣戲真的很好看……」這些不叫解釋，這是藉口，早在開始互動之前，你就已經知道自己時間的價值，也知道那齣戲有多好看，按照這樣的邏輯，你應該願意付出更多，就算黃牛本來開價九十塊美元也沒問題，訂好保留價格之後，你並沒有獲得新資訊，你只不過是破壞了保留價格的界線，好讓自己點頭答應。

　　但是你真的要為了區區一塊錢轉身走掉嗎？從心理學的角度來看，這似乎有點蠢，一塊錢是什麼，是多還是少？畢竟你一定覺得花在談判的時間不只值一塊錢，如果你有個替代方案，能夠讓你獲得跟看戲一樣的樂趣，並且正好要價三十塊美元，那麼三十塊的保留價格或許就真的有點附著力。

　　但是這不只是一塊錢的問題，破壞你的保留價格造成了滑坡現象，如果你願意接受三十一塊美元，應該也願意接受三十二塊美元（才多一塊），三十三塊……三十五塊，要是你接受了三十五塊，你很可能會接受四十塊，你該在哪一點轉身離開？也許是六十塊，最初的票價，但是這樣一來，幹嘛費心談判呢？

　　這是紀律的問題：如果你精準地把保留價格設定為三十

塊，那麼你就應該拒絕三十一塊的開價，當然有可能你的保留價格不夠準確，三十塊其實是低估了，或是你沒有評估你的替代方案，但如果不是這麼一回事的話——如果你在談判過程中沒有獲得新資訊，沒有你事前不知情的——那麼你的保留價格就不應該改變，保留價格是一個標準，讓你用來判斷是否接受某項提案的下限，而不是讓你修正後來合理化自己接受提案的行為[5]。

　　請注意，我們並非建議你永遠都不要調整你的保留價值，如果在談判過程中，你發現了某些先前你在計算保留價格時不知道的事情，那麼就有修改的空間，不過考慮修改時要謹慎行事，一定要是因為有了新資訊才能這麼做，而不能只是為了達成協議找理由。

　　越接近保留價格，就變得越難抗拒說「好」的強大誘惑，但要抵抗，維持紀律，尊重你的保留價格，這是確保你接受的交易符合或超越現況的最佳方式。

　　你的替代方案和保留價格是很重要的因素，在任何談判中都是，但如果只注意這些，你經常會在談判中表現不佳，與其著眼在至少要達成替代方案（你的安全網）或是拿底線當標準來判斷怎樣才算夠好，不妨考慮把期望拉高一點，因為期望驅使行為（詳見第一章），你必須在每一次談判開始之前清楚定義好。

　　你的渴望是在某個談判中對於能實現多少的樂觀評估，而因為渴望是樂觀的，免不了提高了你對談判的期望——如此一來也會增進效果。

設定渴望，專注其上，這代表了談判中經常被忽略的一項優勢，渴望提供了心理學上的優勢，讓你專注在談判的光明面，而不是去注意下行風險防護（你的替代方案）或是底線（你的保留價格），這增加了你獲得更好成果的可能性，事實上研究顯示，你的渴望越具有挑戰性，你的表現就會越好[6]，即使達不到，比起設定謙遜適度的目標，渴望還是會激勵你表現得更好。

渴望的設定應該與其他替代方案互不相干，替代方案提供的是安全網，不應該與談判的目標混為一談，但是有許多談判者把這些全都當作表現的標準[7]，手上替代方案比較差的談判者，期望往往也設的比較低，導致他們得到的比較少，這樣的結果和一般概念密切相關，認為比較好的替代方案會產生比較好的結果，而比較差的替代方案會產生比較差的結果。

事實上，渴望是避免你自然而然就會去注意替代方案的解藥，只因為手上的替代方案不佳，並不表示你設定渴望時就該抱持悲觀的態度；注意替代方案的品質在增進或削弱你的表現上，扮演著舉足輕重的地位，這與你真正的談判技巧無關[8]。

專注於渴望可以讓你成為一個更好的談判者，但是不一定會讓你對談判的結果感到更高興。看看這項研究，研究人員鼓勵一部分的參與者談判時專注在渴望上，一部分則專注在替代方案上[9]，等參與者完成談判之後，研究人員評估兩組人馬的表現，以及他們對成果的滿意度，現在你或許已經猜到了，比起專注在替代方案上的人，那些專注在渴望上的人得到比較好的

成果，但是，他們卻對於自己客觀上更勝一籌的成果較為不滿
意（參見圖2.1）。跟直覺相反地，如果專注在渴望上，你往往會
得到更多，但卻比較不滿意，不過如果專注在替代方案上，成
果雖然比較差，你卻會覺得比較滿意。專注在替代方案上的談
判者得到的比較少，但是他們超越了替代方案，令他們感到心
滿意足，因為他們專注在替代方案上，替代方案變成了目標，
成了要去擊敗的標記；相較之下，專注在渴望上的談判者得到
的比較多，但是比他們渴望得到的少，令他們感到灰心喪氣。

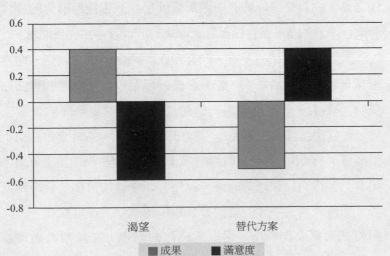

圖2.1　渴望與替代方案

　　這正是渴望的黑暗面，具體來說，樂觀的渴望會帶來更好的談判結果，但是你卻會對客觀上更好的成果比較不滿意。看看下面這個例子：幾十年以來，世界價值觀調查發現丹麥人是世界上最快樂的民族，過去三十年裡，超過百分之六十七的丹麥人據報導對自己的生活非常滿意，這種快樂的秘訣是什麼呢？顯然他們的斯堪地那維亞鄰居沒能一起分享的秘密，似乎是低期望。

　　談判者的行為常常就像丹麥人一樣，似乎對每件事情的期望都不高，包括自己的快樂在內——因此能對自己的生活感到滿足，談判者往往著重在替代方案上面，一旦能超越就會比較快樂，遠遠勝過專注在渴望之上卻無法達到。

　　因此專注在替代方案上表示犧牲了表現換取良好感受，言下之意，你對交易好壞的主觀衡量就是你是否能超越你的替代方案，矛盾的是，低目標與隨之而來的低成就卻讓你更滿意。

　　為了解決這樣的矛盾，你必須在談判之前就先確定，你的目標是表現還是滿意度，如果你偏好滿意度，你就應該專注在替代方案上，但如果成果的整體價值是一項更重要的衡量方式，你就應該專注在渴望上（並且充分體認到你可能會對結果不太滿意），你不太可能實現你的渴望，但是有崇高的渴望會讓你更有可能得到比較好的成果。此外，如果你的目標是要得到更多，你應該決定好你的替代方案和保留價格之後就擱在一旁，轉而把渴望當作標準，用以衡量你的表現，在談判的過程當中，你應該完全專注在渴望價格上，只有在談成最佳交易之後，就在同意之前，你應該比較替代方案與保留價格的價值，並且只有在交易符合或超越這兩項因素時，你才能接受交易。

　　一旦建立起你的保留價格和渴望價格，下一步就是找出該如何達成交易，靠近你的渴望，哪裡有機會可以得到價值？對於這一點，你必須思考你要去談判之事的架構。

## 談判議題的類別

　　議題可以分為三類：一致式、分配式、整合式。一致式是那些各方人馬沒有爭議的事情，比如說，在就業談判中，求職者和招募人員或許都贊成求職者加入同一個部門，同樣地，買方和賣方可能都希望東西早點送達。

　　有些議題——比如像價格——就不太可能一致了，雖然或許有些議題雙方的意見一致，但當事人可能沒有察覺彼此都偏好一樣的結果，因此確認一致式議題應該列為資訊交換的目標之一。

　　確認一致式議題能為你帶來策略上的優勢，如果只有你知道哪些議題雙方看法一致，但是你的對手卻不知情，比如說，消息靈通的談判者可以藉由「讓步」在一致式議題上得到好處，換得在其他不一致議題上更好的條件。

　　分配式議題上雙方的偏好相反，通常是等值的，也就是雙方對議題各單位的價值同樣看重（比如支付的價格，或是寄送的時間），價格是最典型的分配式議題，買方希望少付一點，賣方則希望多收一點，某方增加的每一塊錢好處，都成了另一方等值的壞處。

　　大多數人幾乎都把談判完全視為分配式議題，這也就是為什麼談判常被描述為戰爭，決定誰能取得固定的資源。

　　整合式議題上雙方相對立且價值不均等，所有的整合式議題都有兩項基本特徵：第一，雙方偏好相反；第二，好處跟成本不相等，比如說，偏好較多那方所得到的好處，跟偏好較少那方所付出的成本不成比例，例如就業談判中的休假天數就是一項具代表性的整合式議題，求職者很可能想要較多的休假天數，而雇主想提供較少的休假天數（因此成了相反的偏好），不過增加休假天數的價值對於求職者而言，可能更勝於公司希望避免放假能得的好處，這類議題提供了機會，可以藉由讓步休假天數來創造價值，換取雇主更為重視的議題。

　　整合式議題上的交易可以讓雙方都更好，因此談判中的資訊交換應該要有助於確認整合式議題，衡量評價差異，以便創造價值。所以，重要的不只是要確認哪些是整合式議題，也要去發掘偏好的程度差異，能為你帶來策略優勢（詳見第六章）。

　　讓我們來看看真實世界裡的例子，分別由這幾種類型的議題發揮作用，建立起談判。

## 包打聽公司

　　某企業獨資業主請湯瑪斯擔任顧問，給公司估價，制定其銷售談判策略方針，該公司的主要業務是替雇主身家調查潛在員工，由於與日俱增的安全考量，這項業務的價值在九一一事件以後開始成長。因為業主大部分的個人資本淨值都繫於這家公司，她希望能放棄她的股份，讓資產多元化，給她足夠的流動資金以追求其他的機會。

　　與業主詳談過後，湯瑪斯確認了三項談判的基礎議題：價格、風險，以及業主將來的參與，顯然每個議題都有高度的複雜性，比如說，銷售價格的議題有兩部分：結束時的現金（今日美元）和不斷發展的營業股權（明日美元），因此這兩項議題不只付款／收款的時間點不同，風險也不一樣（前者肯定，後者不確定）；再者，她未來參與公司與否並非一項二元決策，而是介於成交後離去的執行長與更為長期、涉入更深的過渡計畫的連續體之間，這兩個選擇當中有無數的變化，成交後的執行長或許會再多留一段事先約定好的時間當顧問。

　　這個例子說明了分配式與整合式議題重疊的有趣之處，銷售價格也許是項分配式議題——賣方重視用公司多換得一點錢，而買方重視能少付一點——支付的確切本質則可能是整合式的，也就是說，業主想要預先得到更高的現金整體賣價，好降低她的風險，讓她能夠分散持股，但是她也重視未來的現金支付，雖然那樣一來，預先能得到的錢就變少了；另一方面，買方重視未來的現金支出勝於眼前的現金支出，因為這樣可以讓業主留在企業裡，讓買方可以從她的專業知識中獲益。除此之外，把支付轉移到將來，就可以視企業的後續表現而定（即所謂盈利能力），把一些估價的風險轉移到業主身上，而她更清楚這企業真正值多少，因為買方跟賣方對盈利能力的評價不相等，這就是個整合式議題。

業主盼望持續參與企業，這顯然是個一致式的議題，雙方都希望她能投入，不過，雙方對於她參與的時間長短與投入程度意見不同，從業主的角度看來，如果太過投入，她的長期生活方式目標就沒有多少進展，她願意在剛成交之際保持高度參與，但是她想慢慢淡出，在兩年之內脫離公司的日常運作；買方希望的是更為長期、更一貫的投入——有鑑於業主白手起家建立起該公司所獲得的專業知識，這樣的偏好很合乎常理。

一旦確認了這些議題，湯瑪斯試圖從業主和買家雙方的角度來逐一了解。業主在這次談判中的替代方式很直接了當：因為眼前沒有其他的買主，業主的替代方案就是維持現狀，她可以保有公司，繼續經營，以現有的營運計畫，湯瑪斯評估包打聽公司從多樣化投資者的眼光看來，大約值兩億三千萬美元，然而業主幾乎把所有財產全數投入這一企業（其他唯一的主要資產就是自家住宅），因此，包打聽公司的價格變動對她的福祉影響重大。考量到這項特有的高風險，湯瑪斯據此增加了折現率，造成了包打聽公司對業主的價值降低，這樣的調整使得該公司的價值減為一億五千萬美元，也就是說，湯瑪斯評估包打聽公司對一個多樣化的投資者來說價值兩億三千萬美元，在他的評估中，考慮到該業主幾乎所有的資產都集中在包打聽公司上，業主是保留公司（高風險）或是選擇一億五千萬美元（低風險）都沒有差別，這也就是湯瑪斯評估的業主保留價格。

接下來，湯瑪斯要建立起業主的渴望。根據與業主的討論，他估計結合包打聽公司跟買方原有的企業，能夠產生大約百分之四十的合併效果，也就是九千兩百萬，來自於三億兩千兩百萬的公司價值（兩億三千萬＋九千兩百萬），業主希望能夠掌控合併效果其中的百分之六十，也就是五千五百二十萬，因此，業主的渴望價格為兩億八千五百二十萬（兩億三千萬＋五千五百二十萬）。

這位執行長對湯瑪斯的工作成果很滿意——但是儘管他們精心策劃，其他因素仍然打亂了這場原本對雙方都具效益的談判協商，最初的會議原本安排在2008年的十一月，就在雷曼兄弟宣布破產的幾個禮拜之後，資本市場凍結，併購活動驟減，空前的經濟不確定性為整體經濟蒙上了陰影，緊接而來的信貸緊縮使得買方無法成功融資以便完成交易，我們最後一次查看此事時，那位執行長仍舊經營著該公司，等待另一位有意願的收購者現身。

## 摘要

　　身為談判者，你必須考慮談判中的獨特層面，同時也要了解，大部份的談判都有相當多的共通點，首先，你必須釐清你的目標，你是想儘可能得到越多價值越好，還是想儘快完成交易，把風險和交易成本降到最低？你是想增進與對方之間的關係，還是想要感受勝利？

　　定義目標之後，你必須確認一樁好交易的特性：

- 你得知道何時該答應，何時該拒絕，也就是說，你必須清楚自己的替代方案；考慮其他你手上有的選擇、合作夥伴以及機會。

- 一旦了解了那些替代方案（最好也包括對手的），你必須建立起你的保留價格或底線，在那一點上，不管接受交易或是轉身離去改用替代方案，你都無所謂。

- 你也必須決定結果的樂觀評估：你的渴望，這應該要比你的保留價格明顯好上很多，多到足以激勵你去奮力實現。

- 一旦確認了你的替代方案、保留價格、渴望，你必須去了解談判中的議題和基本結構，是分配式、整合式、還是一致式？

　　稍後的第五章，我們會帶領著你看看過程，幫助你分辨談判中各類型的議題，不過在下一章裡，我們要探討的是談判交換中創造出來的價值，其中的議題是分配式的：許多人聽到「談判」一詞就會想到這種情況。

# CH
# 3

## 創造與取得價值
### 交換的價值

在談判中，重要的是你能取得多少價值，至於價值是哪一種形式——更多的金錢、工作上做決策時更大的影響力、更能掌握自己的日程安排、更好的搭擋關係——則取決於你的談判目的。

任何談判都有兩個重要的基準點：你的保留價格和對方的保留價格，兩者之間的重疊之處就稱作議價空間，比如說，買方和賣方之間的議價空間，就是買方願意付出的最高價格與賣方願意接受的最低價格，這兩者之間的差異。議價空間的大小決定了你和對手有多少價值可以爭取，議價空間越大，能取得的價值就越多。

就像第二章裡面所討論的，價值的創造是經由交換而來，即使並沒有產生談判，比如說，對買方而言，差別就只在於賣家的開價和買方願意付的價格，為了取得更多，買方必須談判。

設法得到比原本交換能給予的更多價值，就是談判的基本原理，像是第二章的麵包店例子，交換所創造出來的價值，就等於麵包店老闆願意接受的麵包最低價和買方願意支付的最高價（保留價格）之間的差異，可能和麵包店老闆的開價相同，也可能不同。這場交換中的價值取得那部分——以及讓局面成為談判而不只是單純交易的那一面——是買方願意放棄一些價值較低的貨幣（錢），換取他比較看重的——麵包；同樣地，賣方也必須放棄她比較不重視的（麵包），以換取她比較看重的（錢），不過請注意，這並沒有創造出額外的價值，沒能超過存在原本交換中的價值。

在下一節裡，我們會詳述在你試圖創造價值的時候，取得價值與創造價值之間的緊張狀態。

## 談判中的混合動機

憑直覺來看，你似乎只要創造更多價值，就能夠獲得更多，畢竟有更多價值存在，就有更多能讓你去爭取，不過這樣的直覺可能會產生誤導，天不從人願，能促進價值創造的策略事實上也可能妨礙價值取得。

為了創造出多於交換中已經存在的價值，對手之間必須共享資訊，而資訊共享，尤其在你的對手沒能夠互惠的時候，會給她帶來策略優勢，進而妨礙了你取得價值的能力，因為這種價值創造策略有風險，選擇該分享及該保留哪些資訊非常關鍵；分享太少資訊會讓價值不能實現，也無法取得，而分享太多則會危及你取得價值的能力。

成功的談判者必須微妙地平衡資訊的分享與保留，共享訊息會讓你的對手能夠估算你的保留價格或底線，這則訊息可以幫助他計算該要求多少——也許把你的保留價格當作他的渴望；不過，要是你能弄清楚對方的保留價格，角色就對調過來了，你可以利用那樣的訊息，獲取更多、甚至是大部分交換中創造價值的盈餘，讓對方得到的只比保留價格還多一點（比如說，如果買方清楚知道經銷商賣車各個項目的成本——車子的成本、服務的成本、修理時的代用車輛、保固等等——買方就可以取得交易中大部分甚至近乎全部的價值；反過來也是如此：如果經銷商清楚車子買主的偏好，他就可以量身打造合約，好讓自己得到大部分甚至近乎全部的創造價值。）

這就是談判中最重大的挑戰之一：談判者必須權衡與價值取得策略相關的益處跟成本，那在本質上是競爭的，相較於與價值創造策略相關的益處跟成本，那在本質上則是合作的。合作與競爭策略並列，以及平衡合作及競爭時機的需求，造就了談判中研究人員所稱的混合動機困境[1]。

為了區分價值取得與價值創造，想像一下，如果各方人馬把手邊的資源聚在一塊兒，這就是合資效應——創造出來的盈餘就是各方所提供的總和；一樁簡單的交易只需要考慮一項議題，這樣的談判純粹是分配的：大餅固定不變，一方得到好處，另一方必定得付出代價。

不過雙方談判多元議題的時候，交換的價值可能會超過各方所提供的總和，事實上，多元議題對談判中的價值創造潛力是一項必要的條件。

價值創造表示雙方都能透過談判得到更多，比起光是把雙方有的拿出來而言，藉著價值創造，大餅的尺寸取決於你與對手之間特有的交易所創造出來的價值，雙方都能得到更多想要的，而不必非得有人少拿，血本無歸。

交換的價值可以藉著合併來增加，由談判者把多元議題結合成套，反映出不同議題的相對價值。透過交換本身創造出來的價值，以及在交換過程中由談判者針對不同議題交易而創造出來的價值，兩者之間的差異稱為「整合潛力」，確認整合潛力是準備談判必不可少的步驟。

## 交換中的價值

正如我們在前面所提過的，典型交換的價值受限於賣方的保留價格（他願意接受的最低價），以及買方的保留價格（他願意支付的最高價），買方願意支付的最高價格超過賣方願意接受的最低價格時，議價空間是正面的；相反地，如果買方願意支付的最高價格低於賣方願意接受的最低價格，兩者的保留價格就沒有交集，議價空間就呈現負面的。在後者的情況下，雙方不該達成協議，因為這樣一來，起碼會有一方（很可能兩方都會）陷入更差的狀況，還不如不要有協議。

只有透過資訊共享，談判者才能發現議價空間是正面還是負面，因為雙方都不太可能透露自己的保留價格，能確定的就只有交易是否破壞了對方的保留價格[2]，然而一旦協議已經達成了，純粹分配式談判中創造出來（或毀掉的）價值始終等於議價空間之內的價值，不論議價空間是正面還是負面都一樣。

雙方協商單一議題，彼此都有完整的資訊——在這種情況下，他們都知道自己跟對方的保留價格——該交易的價值就是議價空間內所包含的，舉例來說，如果賣方不願意接受低於一百塊美元的價格（也就是她的保留價格是一百塊美元），而買方不願意支付高於一百五十塊美元的價格（他的保留價格是一百五十塊美元），那麼這樁談判中可用的價值就是五十塊美元：雙方保留價格的重疊部分。

不過即使在像這樣的簡單情況下，大約有百分之二十的學生（不論是企管碩士生還是高階主管）和客戶，會破壞他們的保留價格以達成交易，因此知道你的保留價格還不夠，你需要有紀律地堅持遵守下去。

為了提高你能夠取得的總量，你需要評估對手的保留價格：賣方願意接受的最低價格，或者（如果你是賣方的話）買方願意支付的最高價格，同樣的道理也適用於你的對手，因此在這個基本情況中，買方跟賣方參與談判時都知道自己的保留價格，並且知道對方保留價格的估計值。

你評估對方的保留價格未必都正確——也不一定會比他們對你的保留價格評估更加精準，關於你要談判的議題，你可能沒有機會知道全部你想知道的資訊，你的對手也許擁有資訊優勢，比如二手車經銷商很清楚車子的保養狀況、開得多兇、哩程表是否準確；同樣地，購買藝術品的時候，有些買家可能對物件的價值瞭若指掌，包括市場的演變、類似作品最近的成交價格等，這類資訊有助於決定持有者的保留價格——以及對另一方的不利因素。

很難確切決定保留價格，因為某些與保留價格真正價值無關的因素或許會影響到你的評估，但為了便於解釋，下面這個例子中的保留價格和渴望價格都是確切且肯定的，至於如何減少與評估保留價格相關的錯誤，會在本章稍後集中探討。

讓我們來看看這個只有單一分配式議題的談判，議價空間也是正面的。湯瑪斯想要升級卡車上的輪胎，他現有的輪胎狀況尚可，但是他很想要換一組高性能輪胎，他已經確認過哪些經銷商有販售這種輪胎，不過價格得要很漂亮，他才能跟太太解釋為何要升級。調查過不同品牌和輪胎品質等級之後，他決定他願意支付的最高價格是每個輪胎一百六十塊美元——這就是買方的保留價格（RPb，buyer's reservation price），如果能只用七十五塊美元買到輪胎，湯瑪斯會欣喜若狂——這就是他的渴望價格（APb，buyer's aspiration price）。

湯瑪斯發現大部份店家那款輪胎的售價約是一個兩百二十五塊美元，其中一家正在特賣，價格是一個兩百一十塊美元，湯瑪斯預計這是店家的渴望價格（APs，seller's aspiration price）——不過就像經銷商不知道湯瑪斯的保留價格，湯瑪斯也不知道經銷商的保留價格。

湯瑪斯有所不知的是，經銷商願意用一百二十五塊美元賣出輪胎，這就是賣方的保留價格（RPs，seller's reservation price），因此，由於買方的保留價格（一百六十塊）超過賣方的保留價格（一百二十五塊），產生了三十五塊正面議價空間，互利的交易變得有可能了，而湯瑪斯不知道這一點，所以他小心翼翼地繼續進行──經銷商也一樣。

如果湯瑪斯和經銷商都有彼此的完整資訊，一方的渴望就會非常接近另一方的保留價格，如果雙方對彼此都不甚了解，或是不清楚談判議題的價值，一方的渴望價格就很可能會跟另一方的保留價格差很多。

因為灰線與黑線有部分重疊，一個輪胎介於一百二十五塊跟一百六十塊之間，議價空間為正面，共計三十五塊，合理的交易價格就介於這兩個保留價格之間，這樁交換的價值是三十五塊，不論最終達成的協議價格是多少。如果湯瑪斯跟賣方同意一個輪胎售價為一百三十塊，這樁交易對他的價值就是

$75（買方渴望價格）　　$160（買方保留價格）

| 買方 |

| 賣方 |

$125（賣方保留價格）　$210（賣方渴望價格）

三十塊（買方保留價一百六十塊減去他支付的一百三十塊），對
經銷商的價值是五塊（收到的一百三十塊減去賣方保留價格
一百二十五塊），這兩個數量加起來就是議價空間，也就是
三十五塊，這表示相對於僵局（也就是無法達成交易），雙方之
間的交易會創造出三十五塊的價值，可以讓湯瑪斯和經銷商去
分配，不論分配比例為何，如果沒有達成交易，恰好會損失
三十五塊的價值。

　　你可能會想知道，如果其中一名談判者破壞了自己的保留
價格，交易價值量是否會改變，答案是不會。舉例來說，如果
經銷商以低於自己的保留價格出售，假設是一百二十塊好了，
她從談判中得到的價值就是負的（在這裡是負五塊），但是這些
負面價值直接應計到湯瑪斯身上，以一塊錢就值一塊錢的基
礎，湯瑪斯能獲得全部三十五塊的價值，加上來自經銷商的五
塊錢轉移淨額，由經銷商轉移到湯瑪斯身上的財富，就等於經
銷商破壞掉的自身保留價格（在這個例子裡是五塊），因此在這
樣的情況下，該交易對經銷商的價值是負五塊，對湯瑪斯是
四十塊。

　　同樣地，如果湯瑪斯支付的價錢高於他的保留價格，經銷
商就能獲得議價空間代表的全部價值，再加上來自湯瑪斯的轉
移淨額。比如說，假設湯瑪斯同意以一百八十塊買一個輪胎，
這違反了他的保留價格一百六十塊，但這樣一來，他的價值就
是負二十塊（也就是他的買方保留價格一百六十塊減掉他支付的

價格一百八十塊＝負二十塊），不過經銷商得到完整的五十五塊
價值（$180 - $125 = $55），但同樣地，該交易的價值仍然維持
三十五塊不變。

總之，交換的價值永遠都是雙方保留價格之間的差異，就
算有某方超出議價空間以達成交易也不例外，即使雙方的保留
價格沒有交集，情況仍是如此。

議價空間在單一議題談判中為負面而非正面時，沒有交易
能夠同時讓雙方都承兌他們的保留價格[3]，因此有紀律的談判者
就不會達成交易，為了說明這一點，讓我們繼續用前面的例
子，不過這回改變了湯瑪斯對輪胎價值的評估。

湯瑪斯有一點罪惡感，因為他並不是真的那麼需要買新輪
胎，所以他決定，除非真的划算到像是一百一十塊（他的保留價
格），他才會購買，但同時他希望能支付七十五塊就好（他的渴
望價格），假設經銷商的立場跟前面的例子中同樣不變，在這樣
的情況下，議價空間就會非常不一樣：如下圖所示，湯瑪斯的
保留價格一百一十塊跟賣方的保留價格一百二十五塊，兩者之
間並無交集，湯瑪斯願意支付的最高價格低於經銷商願意接受
的最低價格。

如果湯瑪斯和經銷商都承兌自己的保留價格，就不可能達
成交易，有鑒於他的偏好，湯瑪斯最好是一走了之（沒有罪惡感
也沒有輪胎），而不要花一百一十塊錢買一個輪胎，至於經銷
商，如果輪胎售價低於一百二十五塊，她最好也別接受。

## 價格

$75（買方渴望價格）　　　$110（買方保留價格）

$125（賣方保留價格）　　$210（賣方渴望價格）

　　這種情況下想要達成協議，湯瑪斯或是經銷商（或是雙方都要，如果是介於一百一十塊到一百二十五塊之間的價格）就得破壞他們各自的保留價格，想想這樣的結局會有什麼後果，假如湯瑪斯同意支付一百三十塊，因為他已經著了魔，沒辦法想像自己就這麼一走了之，他無視於他那一百一十塊的保留價格，這表示他所獲得的價值為負二十（買方保留價一百一十塊減去他支付的一百三十塊），而經銷商的位置提高了五塊錢（一百三十塊減去賣方保留價格一百二十五塊），合併這兩個數字的結果是負十五塊的價值（$20 + $5），就是兩個保留價格之間的差異（即買方保留價格減去賣方保留價格，$110　$125），這樣的交易從經銷商的角度看來很理想，對湯瑪斯而言卻沒道理，這讓他少獲得二十塊的價值。

　　你或許會覺得破壞自己的保留價格好達成協議簡直是瘋

了，任何心智正常的人都不會做出不利於自己的交易，然而實證經驗顯示，因為心理偏誤傾向於達成協議，談判者同意不利於自己的交易的情況很常見[4]，我們一再聽到有人這麼做的故事，也觀察到有學生同意了明知道不利於自己的提案，他們還不如就這樣轉身離開比較好，我們都能在日常生活中找到這一類的例子。

說到談判，重要的是知道何時該轉身離去。談判時，要記住不管你有多想達成交易，想改善你的情況，你所得到的就必須高於你的保留價格，如果有議價空間而談判者卻不能達成協議，或是議價空間呈現負面而談判者仍舊達成協議，創造價值的機會就會這麼溜走了，雖然很困難，避免這樣的結果是一項應該遵守的好法則。

我們的例子都著重在單一議題的談判上，當然談判者通常面對的情況，大多涉及多元議題，這類情況比較複雜，不過對參與各方的潛在效益也比較多，你可以在單一議題中創造價值──交換的價值──也可以在兩個以上的分配式議題中創造出更多的價值─不過那樣的價值就只是各別交換的匯聚價值。

## 以兩個分配式議題創造價值

在湯瑪斯群尋覓新輪胎的例子中，假設輪胎經銷商偏好比較高的售價和比較晚的交貨日期，而湯瑪斯想要比較低的售價和比較早的交貨日期，再假設湯瑪斯交貨日期改期一天的效益，與改期一天對經銷商造成的代價完全相同，這兩項議題都是分配式的，因為交易中任何一方面的變動都會造成雙方的對沖損益，也就是說，湯瑪斯每得到一塊錢的價值，就相當於經銷商放棄一塊錢的價值。為了達成協議，湯瑪斯與經銷商現在必須在這兩項議題上達成協議，其中第二項議題似乎讓談判更加複雜了，不過也提供了額外的效益；湯瑪斯希望能夠支付七十五塊（他的渴望價格），但是最多願意支付一百六十塊（他的保留價格），此外，他希望輪胎能夠在七天之內交貨安裝完畢，不過有必要的話，四十五天之內交貨也還尚可接受，經銷商開價一個輪胎兩百一十塊，但可以接受最低一個一百二十五塊，她想要在九十天之內交貨（屆時下一批高性能輪胎就會跟定期貨物一起從批發商那邊到貨了），但是願意在三十天之內就交貨。

很顯然地，這場談判有了正面的議價空間，或者該說有兩個正面議價空間，每項議題各一個，這兩項議題的保留價格及渴望價格分別如下頁圖所示：

任何一樁能夠同時滿足兩個議價空間的交易，顯然就能讓經銷商和湯瑪斯都覺得比較好，不過事情還不止如此，這樣的交易能夠產生多少價值？換句話說，一樁能夠滿足兩者保留價格的交易，價值會是多少？

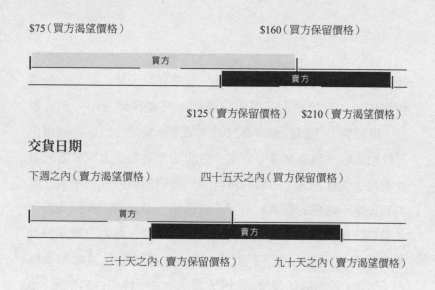

$75（買方渴望價格）　　　　　　　　　$160（買方保留價格）

買方

賣方

$125（賣方保留價格）　　$210（賣方渴望價格）

**交貨日期**

下週之內（賣方渴望價格）　　　四十五天之內（買方保留價格）

買方

賣方

三十天之內（賣方保留價格）　　九十天之內（賣方渴望價格）

　　議題的測度根據不同之時——在這裡是交貨日期與價格，很難評估整體交易，要做到這一點，你必須有辦法比較日期與金錢，解決之道是要創造一個共通的測度，讓雙方可以把一項議題（價格）交換為另外一項（交貨日期）。

　　成功的談判者體認到建立共通測度的重要性，能用來評估談判中的多元議題，因為談判者可以用這樣的測度來引導對手提案的發展與評估，藉此取得競爭優勢。找到共通的測度提供了方法，讓你可以評估何時該答應、何時該拒絕。

　　在購買輪胎例子的最後一種變化中，價格與交貨日期是兩項談判的議題，很容易就可以計算出價值為三十五塊，就像先前一樣，以買方保留價格（一百六十塊）減去賣方保留價格即可，問題在於，該怎麼評估買方保留價格減去賣方保留價格重疊的那十五天有多少作用。

湯瑪斯面臨了挑選蘋果或橘子的局面，他沒辦法把金額跟天數加在一起，得出一個有意義的數字，這兩種測度必須擺在共同的量尺上才能比較，簡單的作法是決定一天值多少錢，無可否認地，要把議題擺在金錢這樣的共通測度上很困難，等待交貨一天值多少？你的等待時間值多少？等待的一天與工作的一天相同嗎？每一天的價值都一樣嗎？

從談判雙方的角度來看，假設交貨天數每多一天價值兩塊錢，換句話說，因為議題是分配式的，這表示每多一天對經銷商來說是正兩塊，對湯瑪斯來說則是負兩塊，如此一來，交換價值（VE，value in exchange）就是：

$$VE = \$35 + (\$2 / 天 * 15 天) = \$65$$

把兩項議題擺在同樣的量尺上來評價，讓談判者可以橫跨兩項議題來評估提案，也讓他們可以找出評估各別的議價空間，而無需同時應付兩者。注意在這個例子中的共通測度是金錢，不過也很有可能是點數甚至是牙籤而已！

在這個共通測度上，湯瑪斯和經銷商有著正面議價空間，價值六十五塊，談判者再也無需處理兩個議價空間，一個是三十五塊（價格），另一個是十五天（交換日期）。

　　擁有共通測度之後，湯瑪斯和經銷商也能夠以價格上的讓步換取交貨日期上的讓步，藉此讓他們在這椿交易上能獲得的價值最大化，的確，談判變得越來越複雜的時候，打包處理全部提案的價值，而不是個別去談判每項一題，證實對價值取得越來越有利，如今不會陷入僵局，反而有了六十五塊的價值可以讓湯瑪斯和經銷商去分配。

　　此外，談判中的議價空間也會因為採用共通測度來評估議題，而有顯著的成長，少了這個共通測度，唯一可行的交易就是那些可以同時滿足兩個議價空間的，也就是交易的價格必須介於一百六十塊和一百二十五塊，交貨日期必須介於三十到四十五天之內。一旦建立起共通測度，單方或雙方的談判者就可以設定他們在交易層次的保留價格，這創造了籌劃交易的機會，原本（注意議題層次的保留價格的話）會破壞某項議題的保留價格，只要用另一項議題足夠的報償來彌補即可。比如說，湯瑪斯希望能用一百二十塊買一個輪胎（比賣家的保留價格少五塊），但是同意在六十天以內拿到貨就好（大於他自己的交貨日期保留價格），在這個例子裡，達成交易就能在雙方之間創造出可供分配的六十五塊價值，用了這樣合計的方法，雙方都能比他們個別的現況好，共通測度代表了第一步，打造出能夠創造價值的交易。

　　如果談判中有多元分配式議題，而其中一個議價空間是負面的，另一個是正面的，情況會變得比較複雜；兩個議價空間均為正面時，互利的交易就能藉由一次談判一項議題來達成，然而創造出共通測度，有助於雙方在犧牲的議題上取得對方在其他議題上的讓步作為補償。

除此之外，依順序談判兩項分配式議題需要兩個正面議價空間，如果議價空間是負面的，照順序的程序就不太可行。在上面的例子裡，如果湯瑪斯的保留價格是一百一十塊，他就沒辦法跟輪胎經銷商達成協議，因為經銷商能夠接受的最低價格是一個輪胎一百二十五塊——如果他們堅持一次談判一項議題，就算他們能同意接受一個三十到四十五天以內的交貨日期也一樣，不過，要是他們把兩項議題湊在一起，就能談判互補的交換，創造互利解決方法，可以存在於單一或兩個議價空間之外。

不過還能夠做的更好一點，假設湯瑪斯和經銷商達成協議，雙方同意以一百七十五塊成交，並在七天之內交貨，照順序談判的話，這樣的交易就滿足不了湯瑪斯，也滿足不了經銷商，因為這價格破壞了湯瑪斯的保留價格一百一十塊，也違反了經銷商所希望的三十天交貨日期。

從湯瑪斯的角度來看，這樁交易就價值而言是負六十五塊（因為一百七十五塊的價格超過他的保留價格一百一十塊，多了六十五塊），再加上二塊＊（保留交貨日期四十五天——實際交貨日期七天）提早交貨的價值，這樁交易對湯瑪斯的價值為負六十五塊＋（二塊＊三十八天）＝十一塊。因此如果把兩項議題合併在一塊兒，就有談判的價值，那是分開談判各項議題時所

## 價格

$75（買方渴望價格）　　　　　$110（買方保留價格）

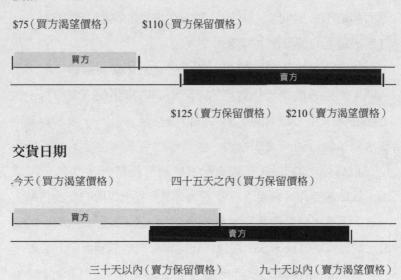

$125（賣方保留價格）　　$210（賣方渴望價格）

## 交貨日期

今天（買方渴望價格）　　　　四十五天之內（買方保留價格）

三十天以內（賣方保留價格）　　　　九十天以內（賣方渴望價格）

沒有的──這樣的策略可以透過共通測度評估各項議題來促成。

　　這樁交易對經銷商的價值是五十塊（一百七十五元成交 - 經銷商的保留價格一百二十五塊）＋提早交貨的負價值（等於兩塊＊七天減去保留交貨日期三十天），負四十六塊，因此成交對輪胎經銷商的價值為五十五塊＋負四十六塊＝四塊，經銷商不會同意在七天內交貨，但是會很樂意接受一個輪胎一百七十五塊的價格，因為經銷商可以得到高出保留價格許多的價錢，抵消了提早交貨日期造成的負價值，合併各項議題談判創造出一個價值十五塊的交易，對輪胎經銷商跟湯瑪斯都比較好，勝過他們就這樣轉身走掉。

這個例子顯示出，即使有分配式的多元議題，每項議題的議價空間也並非全是正面的，還是有可能達成合理的交易，由於這樣的潛力，把談判視為一整套很重要，而不應該每次只專注在單一議題上面。

當然了，要把談判視為一整套，只有等你發展出測度來比較以不同單位計價的議題才有可能，比如天數和金額，為了達到這一點，你必須決定每項議題中你願意接受的最低價值，以及讓你能夠比較議題相對價值的兌換率，可以把蘋果跟橘子拿來做比較，只有這樣，你才能用總體保留價格來評估提案，合併全部議題的個別保留價格。

你應該不會感到驚訝，交易層次的保留價格比較難精確決定，沒辦法像我們在這一章裡面所提供的例子一樣，這個例子裡，兩項議題都有明確的保留價格，但在真實世界中，這樣的確切度很少見，湯瑪斯會很難斬釘截鐵地說出他的輪胎價格保留價格是多少，交貨日期的保留價格又是多少，在現實生活中，湯瑪斯只能夠估計他的保留價格，而那樣的估計很容易出錯。

不過救兵來了，湯瑪斯在估計中所犯下錯誤規模大小，反映出他對自己所估計的保留價格是否準確有多不確定，如果錯誤都是不相關的——也就是不受外力影響，比如他的情緒或衝動，而是精確代表反映出他的支付意願，如今考量到他對換新輪胎的種種期望——那麼湯瑪斯就能對整套多元議題的保留價格準確度比較有信心，比起估計個別保留價格的可能準確度來說，湊成一整套時，個別錯誤就有彼此抵消的潛力，能增加估計的準確度，考量的議題越多，湯瑪斯就能對自己綜合保留價格的準確度越有信心。

## 摘要

在談判中得到更多你想要的，與交換中潛在的價值密切相關，雙方在交換中所能獲得的價值總額，反映在議價空間內，這些價值會一直都存在，就算談判者同樣重視各項議題，但是評價的方式會讓某方的獲益成為另一方的損失：也就是說，這些議題的本質是零和或分配式的。

考量著重分配式議題的談判時，切記：

- 在只有分配式議題的情況下，雙方保留價格的交集勾勒出來的，就是能夠取得的交易價值。
- 以共通測度來評價多元議題，能夠大幅度增加潛在協議的範圍。
- 一旦能夠以共通量尺來評估不同的議題，你就應該以交易層次來設定保留價格，而不要一個個議題去處理。

- 創造出交易層次的保留價格，讓談判者可以利用在某項議題上取得的優勢，去抵銷另一項議題上可能會需要的成本。
- 創造出交易層次的保留價格也能夠減輕估計的不確定性，因為你決定各項議題的保留價格時所犯的錯誤，很可能可以彼此抵消。

在這一章的例子裡，雙方談判者都用相同的方式來評價議題、金錢和天數。大家一般的期望是如此——你認為重要的事情，對方也同樣覺得重要，你認為價值不大的，對方也覺得價值不大——但是期望不能反映出對方在議題價值上的真正看法，這些個體之間在議題重要性或價值上的差異，為談判者創造了額外的機會，能讓他們得到更多想要的。

在下一章裡，我們會著重在交換中，透過交易各方評價不同的議題去創造出價值來，對於那些想在雙方對議題評價相等卻相對立的情況下，創造出超乎原有價值的交易來說，這種差別評價至關重要。

# CH
# 4

# 價值創造
## 談判中的整合潛力

　　大家對於價值訴求那種看似敵對的本質感到不自在，通常會著重把談判視為創造價值的機會——找到能夠增進雙方成果的交易。在這一章裡，我們會討論要怎麼做才能出現這樣的效果，不過雖然本章大部分著重在價值創造，請記住談判的最終目標是要取得價值——要得到（更多）你想要的！

　　價值創造在談判中有一些看似不證自明的好處，首先，可以增加彼此之間能夠分配的價值總量，把這想成是擴大議價空間——介於你的保留價格和對手的保留價格之間的範圍。單獨來看，擴大議價空間是件好事：創造價值的潛在效益，至少能夠讓某一方好過些，也不會損及另一方的利益[1]；擴大議價空間也可以讓事情容易些，能更輕鬆地找出超過雙方保留價格的交易，減低陷入僵局的可能性。

　　價值創造也有心理上的效益，藉著為對手增進改善交易，你也增加了他對你的善意，即使到最後客觀上來說價值總額一樣，他會欣賞你的合作參與[2]。

　　價值創造要有可能性，談判中就必須至少有一項整合式議題——也就是在那項議題上雙方對成果的評價不同；這類議題與第三章中所討論的零和議題或分配式議題截然不同。在分配式議題中，一方的讓步就恰好等於另一方因而所得的效益，於是價值透過交換創造出來了，不過談判交換中的分配式議題，只能提供雙方重新分配價值的機會而已。

　　可以輕易分配或是能用外在價值來評估的議題，比較有可能是分配式的，偏向內在或個人主觀的價值則比較有可能是整合式的，整合式議題的構成條件就是，談判雙方對該議題的評價不同，以致於一方讓步的成本少於另一方的獲益。只有單一項整合式議題本身並不足以創造價值，不過讓步還是不利於退讓的一方（即讓步給對方帶來的獲益比較少），因此，價值創造的必要條件是必須至少有一項整合式議題，而接受方必須願意在至少一項其他議題上退讓，好彌補讓步的那一方，另外一項議題是分配式或整合式的都可以，那樣一來，拿你比較不重視的議題，跟對方交換他讓步你們同樣重視的議題（分配式），或者是交換你比較重視的議題（整合式），就能夠創造出價值來，這種策略稱為「滾木互助（log-rolling）」（或是精明的討價還價交易，horse trading），包括取得你比較重視議題上對方的讓步，並且在你比較不重視的議題（或是偏好交易）上退讓。關鍵在於，透過提升價值的交易來實現整合潛力，就能讓你以願意付出的「成本」，得到更多你想要的。

## 整合潛力

　　雖然價值創造的原則很簡單易懂，但想在實際談判中創造價值，需要談判者評估議題的相對價值，不論是對自身或是對方而言，這麼做很困難的原因有兩點，第一，許多談判者堅

## 價格

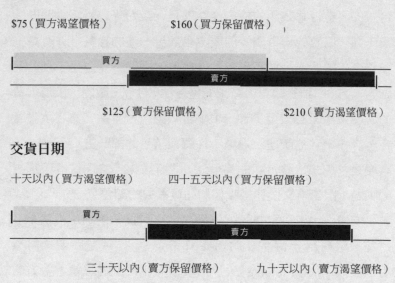

$75（買方渴望價格）　　　　　　$160（買方保留價格）

買方

賣方

$125（賣方保留價格）　　　　　　$210（賣方渴望價格）

## 交貨日期

十天以內（買方渴望價格）　　四十五天以內（買方保留價格）

買方

賣方

三十天以內（賣方保留價格）　　　九十天以內（賣方渴望價格）

信，談判是零和遊戲，這使得他們錯失許多談判中的價值創造潛力；第二，想克服這種零和假設需要資訊，以辨識出整合式的議題。

　　比如第三章裡面的輪胎例子，如果湯瑪斯跟經銷商對價格和交貨日期議題的評價不同的話，讓我們看看會有什麼變化。情況的基本架構與之前相同，介於一百二十五塊和一百六十塊之間的議價空間，以及介於三十到四十五天之內的交貨日期。

　　經銷商樂意繼續用一天兩塊的測度來評價交貨日期，所以這兩項議題可以用同樣的量尺來評估，不過湯瑪斯現在對交貨日期的評價不同了：如今早日交貨很重要，其實他願意提高價錢，每天多付十塊好儘早交貨[3]。

　　這種對交貨日期的不對稱評價，改變了價格與交貨日期不同組合的整體價值，以經銷商觀點來看的價格和交貨日期做為起點，早日交貨的價值淹沒了以湯瑪斯的觀點來看，討論中價格範圍裡可獲得的價值。表 4.1 是「議題–價值矩陣」呈現出來的樣子，其中湯瑪斯對每項議題的保留價格以灰色標示，賣方的保留價格則以黑色標示。

表4.1　議題 - 價值矩陣

| 價格 | | | 交貨日期 | | |
| --- | --- | --- | --- | --- | --- |
| 價格／輪胎 | 買方 | 賣方 | 交貨日 | 買方 | 賣方 |
| $75 | 85 | -50 | 10天 | 350 | -40 |
| $125 | 35 | 0 | 30天 | 150 | 0 |
| $145 | 15 | 20 | 37天 | 80 | 14 |
| $160 | 0 | 35 | 45天 | 0 | 30 |
| $210 | -50 | 85 | 90天 | -600 | 120 |

在妥協差異的例子中（一百四十五塊和三十七天），交易對湯瑪斯的價值是九十五塊（十五塊＋八十塊），對經銷商的價值事三十四塊（二十塊＋十四塊），總值一百二十九塊。

然而，如果雙方能善用交貨日期中的不對稱價值，結果就會相當不一樣——能多創造出許多價值供雙方取得。

回想一下，湯瑪斯願意一天多付十塊錢讓輪胎早點交貨，相比起來，經銷商只要一天多兩塊就願意加提早交貨，因為湯瑪斯和經銷商對於交貨日期的看法非常不一樣，這裡的最佳交易會是高輪胎單價加上三十天以內的交貨日期，雙方的情況都會比較好，只要湯瑪斯願意在價格上讓步，以換取得到提早交貨日期的優惠。

想想交易的整合價值是如何受到這種抵換的影響，如果湯瑪斯願意付出他在價格這項議題上的保留價格，而經銷商願意付出她在交貨日期上的保留價格，那麼這樁交易對湯瑪斯的價值是一百五十塊（零＋一百五十塊），對經銷商則是三十五塊（三十五塊＋零），總計一百八十五塊，他們明顯做大了餅（從一百二十九塊到一百八十五塊），彼此也都獲得了一些額外創造出來的價值。

然而經銷商在這樣的情況下，並沒有得到跟湯瑪斯一樣多的價值，顯然這種狀況要改變，唯有經銷商意識到提早交貨對湯瑪斯多　有價值才有可能，如果留意的話，她或許會明白交貨日期是一項整合式議題，不過湯瑪斯應該要避免洩露提早交貨對他的真正價值，因為這會導致經銷商要求更多。回到把議題打包處理以便達到保留價格的想法，經銷商提議可以在十天以內交貨（買方的渴望價格），如果湯瑪斯願意支付經銷商的兩百一十塊開價，要是雙方能夠同意兩百一十塊的價格、十天以內的交貨日期，經銷商可以得到四十五塊的價值，湯瑪斯可以得到三百塊的價值（負五十塊＋三百五十塊），因此這個情況中的整合價值增加為三百四十五塊。

　　那麼更好的交易就達成了——即使這可能破壞了個別議題的保留價格——只要交換中因為破壞價格而得來的益處價值夠有價值即可，既然湯瑪斯十萬火急地想要拿到輪胎（反映在他對交貨議題的評價上），他不只有意願，甚至可能會熱切地同意這椿交易，畢竟總和來說，這交易為他創造了三百塊的價值，儘管破壞了他對每個輪胎的保留價格。相同的情況也適用於經銷商，有鑒於經銷商對於價格的考量，她不只有意願，甚至可能會熱切地在十天以內交貨輪胎，儘管這樣的交貨日期破壞了她對該議題的保留價格，因為這交易為她帶來四十五塊的合併價值。

　　正如這個情況所顯示的，價值創造取決為雙方發掘他們對議題評價不同的能力，利用那樣的資訊來提議讓彼此都更好的方案，通常這並不容易——不過如果完成了，可供某一方或雙方取得的價值會多更多，遠遠勝於純粹的分配式談判。

　　因此，要實現交易中整合潛力的挑戰，需要你去了解議題和自身的偏好，也要了解對手看重的議題和偏好，這麼做很重要的原因有三點，第一，這提供了資訊，讓你能夠只同意那些不破壞整體層次保留價格的交易；第二，這讓你可以從事能夠創造價值的交易；最後，這讓你可以取得更多創造出來的價值。

不過此處有個風險，知道湯瑪斯有多麼重視早日交貨，讓經銷商有機會從湯瑪斯那兒得到更多價值，透露每個交貨日對他來說價值十塊錢，湯瑪斯和經銷商或許能找出讓價值最大化的交易──但是那樣一來，經銷商或許會取得全部的價值。

在談判中，你不只可以在準備階段收集資訊，談判本身也提供了許多機會，不但能驗證在準備階段所收集的資料，也可以擴展你的知識。在下一節裡，我們示範了對策和戰略，讓你在交換訊息的同時，能減少資訊交換對你取得價值能力的影響。

## 收集資訊的挑戰

期待把餅做大能讓你得到更多，這似乎是很合理的期望，但真的是這樣嗎？

為了在談判中創造價值，雙方必須分享資訊，讓他們能找出議題，決定哪些是分配式、整合式、一致式，以及在整合式議題中，能容納反映出他們個別價值差異的交易，然而分享太多資訊（或是錯誤的那種）會讓你處於競爭劣勢。具體而言，價值創造不會改變任何一方的保留價格，如此一來，你的對手能夠取得創造出來的全部價值（然後是其中某些），如果她能從所分享的資訊當中，推斷出你的保留價格的話。

　　由經濟的觀點看來，分享資訊在價值創造的過程中造成兩種挑戰：第一，把談判區分為價值創造和價值取得兩個階段，必須冒著限制你能取得價值多寡的風險，一旦雙方都知道大餅的尺寸，談判就成為分配式的（零和），價值取得變得有可能引起爭論：你得到的都來自對方的口袋裡。第二，先弄清雙方價值差異的談判者，提高了取得創造出來價值的能力，為了說明第一項挑戰，想一想全面披露策略的影響。

　　不加區分地分享資訊可能會帶來災難：如果這樣的分享行為沒能互惠，你冒的風險是就算達成交易，你能得到的也只有你的保留價格，但是如果雙方能共享所有的資訊，你們就有可能創造出一塊最大的餅，不過幾乎可以肯定，你不可能得到一半以上，因為對方也會試圖儘量多拿一點，也許你認為這不成問題，不過舉例來說，如果你為交易帶來重要的資源，遠勝於對方的貢獻，你可能會不太滿意，此外，試圖取得比平均分配還多的量會引起極度爭端的過程，以至於某一方可能會選擇僵局，而不願失去自己能平均分配到的那一半。總而言之，一旦共享了所有的資訊，剩下唯一的風險就是爭奪誰能得到什麼，談判變得敵對起來—只剩下價值取得。

　　為了說明這種挑戰，假設經銷商發現了交貨日期對湯瑪斯的重要性比她多五倍，每提早一天，湯瑪斯就願意多付十塊錢，而原本經銷商只想多收兩塊錢，掌握了這些資訊，經銷商可以提議以一天九塊錢的代價提早交貨給湯瑪斯，從湯瑪斯的觀點看來，這項提議替他帶來每天多一塊錢的淨值，結果超越了他的保留價格——但是超出不多，並且大部分創造出來的價值到最後都進了經銷商的口袋。

　　還有一點很重要的事情要了解，並非全部的訊息在策略上都是相等的，透露訊息讓雙方弄清楚哪些是整合式議題，對價值創造也許是有必要的；透露議題確切的整合潛力非常富策略性，因為了解各方對整合式議題的評價，提供了取得價值的策略優勢（這項原則會在第六章中特別加強）。

　　雙邊全面披露策略很不錯，如果雙方都樂於平分資源，也願意公開分享全部的資訊的話，這種情況比較有可能發生在跟長期合作對象談判的時候，事實上，研究顯示，如果合作關係是一項重要議題，那麼平分創造出來的價值正是大部份人希望的[4]。

　　但如果全面披露只是單方面的呢？比如說，你透露了全部的訊息，對方卻不實陳述她的利益，知道了你所有的資訊，她可以找出交易，把談判中的價值創造最大化，但是你能從那些價值中得到什麼？交易很可能剛好以你的保留價格成交，或者稍微超過一點點而已，畢竟對方知道你所有的資訊，包括你的保留價格，可以打造一樁交易，剛好提供你願意接受的絕對最小值。

　　總而言之，既然沒有方法可以驗證對方是說真話還是在混淆視聽，全面披露的策略很危險，因為你很可能會落得沒比你的保留價格多得到多少，尤其是在單次談判的情況下，因為對方不需要考慮行為的長期後果。因此如果你想要取得更多的價格，還有什麼其他選擇能夠保護你的價值取得潛力呢？接下來，我們要告訴你如何才能降低與分享資訊相關的一般風險。

## 減輕資訊交換的風險

在某些情況下，資訊交換相對來說是安全的：比如說，跟朋友談判的時候，像是友誼這類持續的關係，能夠約束一方不去為了策略優勢而短期利用另一方。

然而因為某些原因，你或許連對朋友都應該保留資訊，也許你擔心太刻意會產生衝突——矛盾的是，這可能包含了額外的資訊，能讓雙方的處境都比較好，因此與其投入困難的工作，你選擇了便捷的解決方法來避免衝突，即使這會顯著降低創造出來的潛在價值。在這樣的情況下，關係事實上讓資訊共享更加困難，維持自在互動的共同希望，常常導致犧牲了交易的品質。

就我們的觀點來看，為了良好的關係而接受比較差的交易並沒有錯，只要那是刻意為之即可，然而便捷的解決策略之所以得到採用，往往是因為雙方厭惡衝突，而不是深思熟慮地評估得失後的決定。

　　跟朋友或合作夥伴談判很困難，跟陌生人談判（或是單次交易）也一樣具挑戰性，你很可能對哪項議題比較重要所知甚少，也不清楚該議題對陌生人有多重要，這讓談判前的準備更具挑戰性。此外，你可能比較不擅長詮釋陌生人在談判中傳達出來的訊息，資訊共享的過程也可能比較冒險，首先，因為將來互動的機會比較少，不實陳述的陳本要低得多，導致雙方在詮釋資訊時都更應該抱持懷疑的態度，多方比對其他證據，評估其可信度。再者，價值取得可能會有比較多的爭執，因為創造善意或是長期互惠並沒有益處，（至少就談判而言）沒有明天嘛。

　　最後一點，價值創造受到阻礙：你和對方比較有可能期待議題是分配式的，因此就有理由採用比較進取的策略，像是誇大、不實以及保留訊息。

　　但是不論跟朋友還是陌生人談判，高渴望──或是高期望──都是有益的，此外還有一項必要條件：你必須準備好要解決問題──也就是說，精心打造提案，善用你與對方之間不對稱的偏好來創造價值，而不一定要共享資訊，那會損害到你取得價值的能力，這需要著重在資訊收集和深思熟慮的分享。

　　在下一節裡，我們考量了在談判中收集與分享資訊的方式，有些策略比較適合保護你的價值取得潛力，有些則比較有助於價值創造，挑選分享資訊的方式是一種策略上的選擇──正確的策略取決於特定的情況、你的對手以及你的目標。

## 創造與取得價值的一則例子

這個例子延續了我們的車輛主題，不過這回讓湯瑪斯和輪胎經銷商喘口氣，這次是瑪格里特在現實生活中想買新車，這場談判乍看之下，跟第一個湯瑪斯買輪胎的例子非常相似：涉及單一分配式議題（價格），然而著重在車輛價格以外的議題，讓瑪格里特能夠創造出許多價值，得到更好的交易。

瑪格里特可以把這椿買賣視為單純的交換，她願意拿金錢換取一輛新車，理所當然地，瑪格里特希望能付越少錢越好，而經銷商希望能得到越高的價格越好，經銷商定價（也就是首次開價），如果瑪格里特願意接受，那麼價值就透過交換創造出來了，因為瑪格里特對車子的評價必定高於她對金錢的評價（對經銷商來說則是反過來）；另一方面來說，如果瑪格里特成功地談判了經銷商的承銷價格，那麼她應該就能夠取得額外的價值——而經銷商會損失價值，全都是因為針對單一純粹分配式議題談判的緣故。

然而在這樣的交換中有機會創造更多的價值，只要瑪格里特和經銷商願意把附加議題放進談判之中——尤其是那些他們評價不同的議題（也就是整合式的），事實上，在展開談判之前，瑪格里特有幾個議題想要討論，這些議題有潛力增加交易對她的價值。

第一項議題是交易她車齡十年的休旅車，她可以私底下賣掉，但是她把儘快賣掉視為要務，願意犧牲一點錢，換取經銷商讓她折舊換新，此外，透過折舊交易，她也省下了新車的銷售稅，因為最後購買的價格（銷售稅會依此計算）會因為折舊換新而降低。瑪格里特做過功課，認為要是幸運的話，她能用七千五百塊把車子私下賣掉，但是經銷商只願意付五千塊，從瑪格里特的角度來看，把舊休旅車脫手給經銷商的便利價值，大於她自己賣車可能多得的潛在兩千五百塊，知道了這一點，我們可以算出經銷商買舊車的每一塊錢對瑪格里特來說，至少價值一點五塊錢，每一塊多出來的五十分錢，代表了她自己賣車的麻煩，也代表了她必須支付的額外稅負。

　　價值創造潛力的第二項議題是與日常維修成本相關的不對稱價值，維修的價值對瑪格里特來說大於對經銷商的成本，因此瑪格里特願意付出比較高的價錢，延長經銷商的日常維修期限。

　　幸運的是，還有另外一項經銷商比瑪格里特更在意的議題：在汽車製造商實施的顧客滿意度調查上，給這家經銷公司好評，因此經銷商延長了日常維修的保固期，而瑪格里特同意儘量以強烈的措辭表達出她對此次互動的滿意。如此一來，價值先由銷售本身創造出來了：折舊換新、延長日常維修期限、確保瑪格里特對過程滿意，全都是創造額外價值的方法。

　　到目前為止，我們著重在價值創造兩項相關的機制上——交易你與對方評價不同的議題（或是滾木互助）——以及添加議題──能夠容易找出提升價值的交換，在這一章的最後一節裡，我們要著重在另一個價值創造的有效方法──後效契約。

## 後效契約：利用差異，創造價值

在某些談判中，成果真正的價值只有等過了一段時間之後才能知道，想想主管薪資作為妥善管理公司的報酬，或是電視製作人因為節目評價高而得到報酬，在這些情況中，議題的真正價值都沒辦法在談判時就決定，最終的價值或許有種功能，讓契約創造出未來雙方努力的誘因，以及雙方對未來有差別的信念。

因為這類議題很難去評價，很適合拿來放在後效契約中，不妨把後效契約想成是一種賭注[5]，高階主管相信她能做得到，可以把公司管理得井井有條，接受認股權作為報酬，她賭上的是未來股價會高於她認股時的行使價格，而電視製作人的報酬也會增加，只要他的電視節目有更多人收看的話（高收視率代表了更多觀眾，更高的廣告營收）。

安排後效契約極具挑戰性，通常出現在談判相對後期的時候──常常是避免僵局的最後一搏，要看看這些挑戰和益處，讓我們來探討後效契約如何能替湯瑪斯的新家省下一大筆錢。

湯瑪斯找了一些芝加哥北岸聲譽卓著的建築師，經過一番深思熟慮，他和他太太法蘭西絲卡選擇了其中一位，接下來花了八個月設計他們一直想要的新家，當然了，要等設計完成以後才能開始協商價格，等到湯瑪斯和法蘭西絲卡都覺得設計相當稱心如意之後，營造商（超凡脫俗建築事務所，Out- of- this- World Architectural Design —— OAD[6]）替他們設計好的房子報上造價。

湯瑪斯和法蘭西絲卡跟建築師談判時，發生了另一項變化，從第一次報價到談判之間，經濟緊縮，大部份建材的價格都急遽下跌了，你大概可以想像的到，湯瑪斯想要得到降價的效益，OAD營造公司的簽約人、羅德，則認為任何因為分包商成本降低而來的效益，都屬於OAD公司（有趣的是，OAD公司並不打算吸收分包商增加的成本——那些得由分包商自行吸收），湯瑪斯認為潛在能節約的成本總額很大，畢竟最初是在2008年初詢價的——經濟環境與2009年末大不相同，經過一番激烈的討論，雙方陷入了僵局，彼此都認真考慮要取消整個計畫。

某天傍晚，經過雙方一整天冗長的討論之後，羅德離去前說道：「我真不敢相信，你們就為了區區不到三千塊錢的爭議要放棄這場交易。」湯瑪斯聽了以後目瞪口呆——原因有二，第一，他已經算過潛在效益，遠比羅德所說的高得多；第二，如果他只為了三千塊錢就放棄這筆交易，那麼羅德跟OAD營造公司也是如此，畢竟談判是個相互依存的過程，因此，湯瑪斯確信真正的效益必定高於三千塊錢，否則羅德的行為就說不通了。隔天早上，湯瑪斯聯絡羅德，告知他下列的提案：OAD公司可以得到成本節約的最初三千塊錢，接下來節約的成本由雙方攤分：OAD公司可得百分之二十五，湯瑪斯和法蘭西絲卡拿百分之七十五。湯瑪斯知道，如果羅德所表現出來的是他真正相信的成本節約規模，那麼這樣的交易應該非常具有吸引力，因為他能得到百分之百他計算出來的節約潛能：OAD公司可以留住全部。但是，要是成本節約遠大於三千塊錢（正如湯瑪斯所懷疑的），那麼這樣的交易對羅德來說就沒那麼有吸引力了，經過幾回合的討論之後——其中包括了該公司的負責人——交易總算敲定了，後效契約修正為湯瑪斯與OAD公司以五十比五十攤分最初三千塊錢節約成本以外的金額，因此，三千塊錢的數目似乎在羅德心中，是達成協議真正重要的障礙。

是湯瑪斯提議把OAD公司的獲益攤分比例從百分之二十五提高到百分之五十的—但他可不只是慷慨而已，而是希望OAD公司能夠盡可能想辦法降低成本，因此他擔心，二十五比七十五攤分比例的誘因不足以敦促他們的分包商，所以改為提議五十比五十攤分，OAD公司很高興地同意了—湯瑪斯的新家也開始動工了。

以上這個例子說明了後效契約有其道理，尤其在雙方對於未來效益規模期望不同的時候（就像湯瑪斯跟羅德），或是雙方的風險預測與投資期不一樣，這樣的差距導致了雙方對於這些因素的評價不同，也因此創造出整合的潛力，然而要記住，後效契約反映出來的是雙方賭上不同的未來結果，不可能雙方都是對的，至少有一方——也許雙方都會——期望中的交易到最後可能跟實際上得到的相當不同。

決定是否要提出後效契約時，至少要考慮三項標準，第一，後效契約需要雙方有持續的關係——等到結清時刻來臨，雙方都要在場。

第二，後效契約應該透明，如果你的報酬是根據公司利潤或公司銷售，想想不同的透明程度，銷售是個透明許多的測度，相較於利潤，因為比起何時獲利，銷售發生的時機比較容易確定。此外，組織單位有很大的餘裕去定義開銷，決定該從營收中扣除多少來計算利潤，有數不清的故事講到好萊塢的成功電影從來沒能盈利，常常出自電影明星和贊助者口中，他們同意了後效契約，講好一旦達到「盈利」就捐款。

第三，後效契約必須能夠強制執行，前兩項標準不可或缺的是需要雙方有能力確保支付賭注，想想信用卡公司針對高風險客戶收取的高額利息，這就是後效契約，信用卡公司借錢給你，讓你去購買各種商品和服務，作為交換，他們希望這筆借款能在將來的指定日期償還，還要附加利息，特定的利率取決於銀行怎麼評估該契約的執行風險，你有辦法償還貸款嗎？如果付不出來，還找得到你償還債務或是上法庭嗎？如果達不到這一點或是另外兩項標準，那麼你最好堅守更多的規範，用可靠的方式在談判中創造價值。

## 摘要

　　價值創造是談判中很重要的一環,並且與取得價值密切相關,簡而言之,價值創造讓你可以取得價值——得到更多你想要的。價值創造有兩種形式:透過交換本身創造出來的價值,以及多元議題整合潛力所代表的價值,對雙方的價值可能有所不同。

　　考量創造價值的機會時,切記:

- 創造價值是為了取得價值,真正重要的是你能從談判互動中得到多少價值。

- 透過互動創造更多價值,取得價值就會比較容易,但藉由交換訊息來創造價值,可能會妨礙到你取得價值的能力。

- 找出你和對手評價不同的議題,因為擁有雙方評價不同的多元議題能夠增加談判的價值。

- 以交易或整體層次來訂定你的保留價格,而不是在議題層次,這能促進你創造價值的能力,增加你能同意的潛在交易。

- 確認評價不同的議題— 弄清楚評價到底有多不一樣——這提供了價值創造機會的重要窗口。

- 對未來事件、風險或時間的不同期望危及協議之時,考慮探討一下後效契約,雙方可以賭一賭自己的信念。

- 如果要考慮後效契約,只有在下列三項條件成立時才可

行：(1)雙方有持續的關係，(2)契約是依據交易的透明
面，(3)契約可以強制執行。

在前四章中，你已經探索了談判的基本架構，在接下來這
一章裡，我們要帶你看看規劃和準備的過程，特別著重在確認
你想要什麼，還有同樣重要的，評估你的對手想要什麼，你在
籌畫過程中收集到的資訊是成功的關鍵，因為在談判中，有所
不知真的會害死你。

# CH
# 5

# 「有所不知」真的會害死你！

## 規劃談判

　　到目前為止，我們希望已經說服你了，獲得好交易應該是所有談判的目標，不過雖然了解好交易由什麼構成對於成功與否很關鍵，談判者常常搞不清楚他們應該努力實現的目標—尤其是交易手頭上哪些議題會讓他們更好，而哪些不會，唯有透過精心規劃，他們才能看清楚這些談判中的關鍵層面，充分利用他們得到更多的機會。

　　規劃和準備談判的第一步，是要確認你談判的目標—你想得到更多的究竟是什麼？但這只是第一步，在這一章裡面，我們概述了必要的步驟，能夠有系統地規劃談判，提高你得到好交易的機會。

　　規劃過程分為三個階段：（1）找出你想要什麼；（2）找出對手想要什麼；（3）根據你對自己的了解，以及關於對手的發現，發展出你的談判策略。第一階段著重於確認你的目標、議題、偏好，還有你的保留價格與渴望價格，這個階段的最終目標是得出一個議題-價值矩陣，或是解決方案的完整列表，以及每一個解決方案對你的相對價值。

　　第二階段的重點轉換到對手的目標、偏好、保留價格與渴望價格，從她的觀點來建立一個議題–價值矩陣，很顯然地，這個任務困難很多，無疑地也有些層面你無法準確評估，因此除了談判前的準備，你應該隨著談判展開，補充驗證你的資訊。

　　最後，結合兩方觀點的議題–價值矩陣，讓你能夠發展出你的談判策略，有了這張路徑圖，你就能夠更有效地評估替代方案，發想有創意的提案，以及決定是要接受對手的提案或是轉身離去。

　　現在，在你決定要跳過第一步之前，因為那看似太過顯而易見甚至瑣碎了——畢竟連想要什麼都不知道的話，你又何必參與談判——但是我們的經驗顯示，許多談判者事實上在開始談判之時，並不真正了解他們想要得到什麼，事實證明，知道自己想要什麼比表面上看起來更加困難，就連有經驗的談判者，也會在談判最激烈的時候，忘掉或改變了他們的目標。

　　由於談判的競爭本質，談判者常常轉移目標，從想要得到更多變成一心只想打敗對手，最佳示範是我們時常進行的一項練習，名為競爭廣告，我們把學生分成兩隊，（以口頭及書面）指導他們該遊戲的目標是替團隊賺進越多錢越好，十個回合當中的每一回合，各隊必須同時決定要合作（不打廣告）或是背叛（打廣告），收益最高是在某隊打廣告而對手沒有打廣告之時，收益中等是在雙方都沒有打廣告之時，雙方都打廣告時則非常不利，更不利的情況則是某隊沒有打廣告，而對手卻打了廣告。進行三回合之後，我們讓兩隊「談判」再繼續遊戲，接著在第七回合之後再次「談判」，兩隊繼續進行最後三回合，遊戲至此結束，在此時記錄總利潤和損失。

　　這個遊戲讓學生面臨了典型的囚徒困境——情境裡雙方都有暗中破壞對方的動機，儘管他們要是合作的話，對彼此都比較好。不出所料，大部份隊伍在這場遊戲中都賠錢了，面對這項事實，有些隊伍很快就指出，他們比對手輸的少，即使他們承認自己賠錢了。

其實如果偷偷聽一下他們的談話，你可以觀察到，大部份的隊伍都很快地把目標從儘量多賺錢轉變為打敗另一隊，此外，大部份隊伍是靠著少損失一點來擊敗對手，而不是靠著多賺一點，這樣一來，因為目標從替自己的隊伍好好表現轉變成擊敗另一隊，談判者和對手的處境都更糟了。

這個例子的主要教訓之一——也是本章的教訓—就是忽略目標危害無窮，對你甚至於你的對手都一樣，好消息是縝密規劃能夠幫助你保持明晰，專注在你的目標上，這本來就很富有挑戰性了，要找出並忠於你的保留價格、替代方案和渴望，即使沒有進行中談判的干擾，無法明確定義這些因素的話，你很可能得任由對手擺佈，這不只增加了你會得到比較少的可能性，也增加了你會接受更差交易的風險，還不如根本不要談判比較好。

## 階段一：找出你想要什麼，建立議題──價值矩陣

規劃過程的第一階段──你用來評估自己的談判目標──有六個步驟：（1）確定你想達成的目標；（2）把整體目標細分為個別議題；（3）按照對實現整體目標的重要性來排序這些議題；（4）確認每項議題的可能解決方案；（5）分配各項議題的相對價

值；(6)確定你的整體保留價格以及你的整體渴望價格。

## 1. 你想在談判中實現什麼？

你為什麼要談判？你想在這樣的互動中實現什麼？這個階段中，著重在高層次的目標，而不要針對特定某項或某些議題，比如說，你談判可能是為了得到新工作、買車子、改善你對工作進度的掌控，或者是對工作團隊有更大的影響力。

為了說明準備的過程，想像你要去買一輛新車，你的目標是要以最划算的價格買到最潮的車子，因此你的談判動機是要取得最潮車子這種形式的價值，但是要儘量少付一點錢，並且不能破壞你的預算限制！

設定整體目標的同時，你也悄悄地決定了哪些不是你的目標，比如說，買車的時候，你的目標不該是要讓經銷商開心，(大概)也不該是要跟經銷商建立長期的關係，非常重要的是別忽略了談判中哪些對你才重要，而哪些無關緊要！

## 2. 你可能會去談判的議題有哪些？

一旦決定好整體目標，列出成果特徵的屬性，這些就是你要去談判的議題，正如我們在第四章中看到的，能發揮作用的議題越多，就越有機會創造價值。

因此議題有哪些，你對這些議題又該抱持怎樣的立場，總和起來才能滿足你的整體目標呢？你必須富創意並且有包容力，去決定該把哪些議題納入討論中，既然你的整體目標是要買一台很潮的車子，潮到爆的關鍵屬性有哪些呢？決定好廠牌型號以後，跟經濟實惠潮車相關的可能議題包括了價格、交貨日期、保固、延長保固、顏色、經銷商安裝選項、融資，為了說明這個例子，我們在此考慮與成本相關的議題：價格與融資，另外還有影響車子潮不潮的議題：顏色與音響組件。

### 3. 各項議題對於實現你的目標有多重要？

　　一旦確認了目標和伴隨而來的議題，按照對實現目標的相對貢獻將議題排序，最終目的是要確定你該如何取捨這些議題，這能夠幫助你充分利用機會，實現整體目標。了解這些相對折衷的方式突顯了議題之間的替代潛力，因此增加了可能的交易數量。

　　因為這項任務很困難，我們建議你從按照相對重要性將議題排序開始，最好的方法就是先思考各項議題，接著比較實現後能讓你多接近整體目標，最核心的那些就是最重要的，比如說買車時，引擎的尺寸可能比車子是否有金屬光澤塗料更重要。

　　假設成本和車子潮不潮對你來說差不多重要，在成本這項要素中，你重視價格勝於融資，在潮不潮這項要素中，你加倍重視音響，勝過車子的顏色。

　　為了量化這些相對排名，你必須比較這些議題，最好的方法就是建立一個測度，讓你可以把議題排列出來，比如說，你決定採百分測度，在此總額以內，根據你的評價，你分配四十六分給成本，五十四分給潮度，依序在四十六分中，你分配四十分給價格，六分給融資，而潮度的五十四分裡面，你分配三十六分給音響，十八分給顏色。這個方法讓你可以建立起一個價值矩陣，幫助你在不同的議題之間進行交易。

## 4. 每項議題各有哪些潛在的解決方案？

　　或許有不同的解決方案能夠因應考量中的議題，但是你可能比較喜歡其中某幾個，比如說在雇用合約裡，協商到福利時，你或許會考量五個健康保險方案、三個分紅計畫，其中包括了金額不同的薪資及認股權，要有創意，因為這些解決方案構成了你呈現在對手面前的提案。

　　回到我們購買新潮車輛的例子，你注意到製造商的建議零售價格是四萬五千七百九十九塊錢，而如果你能用三萬七千五百塊錢買到，你會非常高興；在融資方面，你所考慮的利率有8%、6%、4%和2%；至於音響，你所考慮播放器有單CD、六CD、豪華、頂級；顏色方面，你偏好白色（最不想要）、紅色、銀色（最想要）

## 5. 這些解決方案的相對價值為何？

　　一旦確定了每項議題的解決方案，依步驟三決定的測度來配分（這個例子裡總分是一百分），你的配分反映出該方案在實現整體目標上的重要性，儘管可以光憑著「越多越好」的經驗法則，稍加仔細考慮偏好，你就會發現這條法則不夠充分，了解你的偏好轉變，隨著你瀏覽解決方案，你會知道對於該議題自己還想得到多少。

在我們的潮車例子裡，你決定分配如下：

- 價格：$47,499（製造商建議零售價格）零分，每降一千塊錢得四分，直到 $37,500 得分為四十
- 融資：8% 零分、6% 兩分、4% 四分、2% 六分
- 音響：單 CD 零分、六 CD 十二分、豪華二十四分、頂級三十六分
- 顏色：白色 零分、紅色 九分、銀色 十八分

## 6. 本次談判的因素為何？

現在輪到細節了，首先，有了議題–價值矩陣，你可以決定考量中各項議題的保留價格。正如第三章中所討論的，設定整套而非個別議題層次的保留價格，能讓你更靈活地建構出有創意的議題組合，滿足你的根本利益[1]。因為評估了每項議題的多元選擇，現在你可以用整體層次來探討確切的渴望與保留價格；此外，你可以利用對議題的細膩理解，評估你的替代方案，現在你可以開始直接比較對手的提案與你的替代方案。

回到我們購買新潮車輛的例子，首先決定你的保留價格（你的底線），考慮你的替代方案：你可以保留現有的車子就

好，你決定這項替代方案可以得三十分，但是還不只如此，你
合理預期你能得到五十分，如果你讓兩家經銷商競價的話（要考
慮到你的時間價值），在這種情況下，你對此談判的保留價格為
五十分。

　　接著你必須設定你的渴望，其中一種可能性是儘量以一百
分為目標，但是這表示你得在每項議題上都取得最大價值，而
你要得到一百分，就意味著你的對手在每項議題上都得讓步，
基本上要將就於他們對這樁交易的保留價格，雖然有可能，這
未免太過樂觀，即使由談判專家如湯瑪斯的標準來看（依大部分
一般人的標準來看則是完全不可能）。

## 第二階段：對手的觀點

　　現在你已經分析了你的目標和因素，重複同樣的分析，但
這次從對手的觀點來看，重複你用來釐清自己想要什麼的五個步
驟，從步驟一開始，不過這一回從對手的角度來考量這些步
驟。當然了，比起從你的角度來考量，每項步驟你擁有的資訊
都比較少，記下這些差距，利用談判過程來多了解你的對手。

### 1. 對手在此次談判中的目標是什麼？

　　從對手的角度來考慮此次談判，儘可能填滿空白處，他們

為什麼要跟你談判？你們各自目標的哪些方面有共通之處？你越了解對方的偏好，就越能打造出提案，善用創造價值的機會。通常你的直接洞察不多，因為不完整或侷限的資訊，無法知道對手真正看重的是什麼，但請盡力而為（如上所述），記下你所知的差距。

或許也會有幫助的是，看看你是否認識可能了解你對手思考方式的人：比如說，某個跟這名對手談判過的人，或是跟類似對手交手過的人，那些洞見在你試著設身處地了解對手的心態時，會格外有幫助。

## 2. 對手的議題是什麼？

富創造力地去思考你的對手可能會想談判的議題，也許跟你列出來的議題相同，也許包括了沒有交集的部分，考慮到對手的目標和渴望，他們可能會提出的議題之中，有些什麼額外的考量或機會？特別留意你的列表上沒有出現的議題，了解那些議題能替你帶來策略上的優勢，因為你可以在這些議題上讓步，卻無需犧牲自己的目標，想想該怎麼把複雜的議題分解為組成成分，或許能幫助你弄清楚怎麼把不同的議題結合在一起。

雖然情況很有可能是，關於對手如何評價這些議題，以及你本身對於這些議題的評價，你所知道的資訊不會一樣多，從對手的角度來辨別並分配可能解決方案的價值，非常有利於形成你的談判策略。在我們新潮車輛的例子中，經銷商有兩類議題：獲利能力（價格和融資）與客戶滿意度，在這種情況之下，客戶滿意度有可能是基於車子許多不同的項目以及經驗，但是為了簡單明瞭起見，我們假設最重要的兩個項目是音響系統和車子的顏色。

### 3. 從對手的角度來看，這些議題的相對重要性為何？

哪些議題對你的對手來說可能比較重要？哪些比較不重要？了解這一點很有幫助，對手跟你越不一樣，他們對議題的評價就越有可能不同，這些差異反映出文化、經驗、專業知識或背景——不過差異越大，就有越多潛在價值能透過談判創造出來。

考慮你與對手之間的差異時，要留意你無意識的偏見，預期會有差異時，你就更願意看見差異——而正是這些差異標示出價值創造的不對等需求，如果你認為談判對手與你相似，你會期望狀況都在預料之中：他們關心之事就是你的翻版，你想要更多的，他們也想要更多。

這些基本假設，造成了敵對談判者之間固定價值的思維模式，在所謂的錯誤共識效應之中，大家假設自己的偏好和意見和他人都一樣[2]，在談判中，這很容易會導致你相信議題中若是達到你偏好的結果，就容不下對手在同樣議題上取得他們想要的結果（比如說，如果薪水是你最重要的議題，那一定也是你的潛在雇主最重視的——而雇主能提供的薪資額度有限）。

跟談判對手明顯不同的時候——或許是因為不同的文化起

源、職業、經歷或是人口結構──光是出現這些差異就讓談判更加難以預料，也能促使你從事更詳盡有系統的資訊搜尋；同時，差異越大，價值創造的潛力也越大，因此儘管談判很可能會變得更複雜，卻也可能更有利可圖。不過，因為這些差異改變了你評估對手偏好的可靠度，你必須在談判時儘可能找出來，不論是跟與你不同的對手，或是你沒多少談判經驗的對手。

研究人員發現，預期會面對不同對手的人計劃比較詳盡，資訊也比較豐富，相較於那些認為自己會面對類似對手的人[3]，對手越不一樣，你就越有動力去計畫籌備談判，你更有可能去尋找與議題相關的資訊，這些額外的資訊搜索能增進你的能力，讓你說服對手按照你的偏好行事。因此對差異的看法改變了你計畫的方法，經由增加資訊搜索以及隨之而來的觀點延伸。

你越沒有把握談判會怎樣發展，進行製作議題-價值矩陣的困難工作就越有用，弄清楚哪些議題有整合潛力──哪些是一致式、哪些是分配式──都需要你去比較每項議題上你和對手的偏好。預期在對手的議題評價上找到差異，能夠改進你對各項議題類別（整合式、分配式或一致式）的評估，除此之外，在矩陣格式中寫下你認為對手想要什麼，也提供了實用的修正樣板，讓你可以在談判的資訊交換部分核實自己的評估，反映在新潮車輛例子中，你認為經銷商重視獲利能力更勝於客戶滿意度，而且在獲利能力這個類別中，價格對經銷商來說比融資更重要，在客戶滿意度的類別中，經銷商則比較願意在顏色選擇上讓步，因為以經銷商的角度來說，這比提供高階音響系統來的便宜。

### 4. 你估計對手的因素為何？

利用你在上述步驟中所收集的資訊，現在你應該按照對手感受的相對重要性來排序議題，接著推斷對手的保留價格、渴望價格，以及這些議題的相對價值，在許多情況下──尤其如果這是你第一次跟這些對手談判──你很難去確定議題排序之外的因素，我們會在下一階段回到這項議題，等我們討論到在談判過程中收集資訊的時候。

然而，透過小心偵查（比如運用你的社交商業網絡關係），你或許能找到關於對手的有用資訊，也可以把你所知關於對手的一切，比對那些具有相同特性的人可能會做的事情，舉例來說，寫了談判書籍的人更有可能去談判──期望也可能更高！又或者正如研究所顯示，女性的期望低於男性，因此渴望可能因為性別而有所不同[4]。

現在把這一點應用在新潮車輛的談判上，根據你對汽車經銷商的了解，以及你對業務人員一般的認識，總共一百分，你預期經銷商會分配七十分在獲利能力上，其中四十分是價格，三十分是融資，然後分配二十分在客戶滿意度上，其中八分是顏色，十二分是音響。

在這些子類別中，你評估經銷商的解決方案如下：

獲利能力：

- 價格：$37,500（員工折扣）零分，$47,499（製造商建議零售價格）四十分
- 融資：8% 三十分、6% 二十分、4% 十分、2% 零分

客戶滿意度：

- 音響：單CD 十二分、六CD 八分、豪華 四分、頂級 零分
- 顏色：白色 零分、紅色 九分、銀色 十八分

### 5. 經過你確認的潛在解決分數是否充分？

還有沒有其他對手會考慮的結果？隨著你更深入了解對手，你可以修改確認過的解決分數，當時你完全只著重在自己的利益上。

## 第三階段：發展談判策略

分析過你的目標以及對手的目標以後，你已經準備好籌劃談判策略了，首先考慮下列四個問題。

### 1. 你錯失了哪些資訊？

決定收集資訊的策略——也就是在談判過程中，獲取更多與對手相關資訊的方法，這一點對於填補你的知識缺口很重

要。根據你在第二階段所能夠建立起來的，你或許得把重點放在確認你找出的對手議題，看看是否真的相關，如果你預測對手認為重要與否的事情，在他們談判中的言行之間反映出來，你可以據此更新你對他們保留價格的評估，還有他們替代方案的品質。

　　一般來說，對手分享資訊的意願，與他們認為該訊息的策略價值多寡有關，有鑒於這項標準，很可能他們會毫不遲疑地分享有關議題的資訊，不太情願分享排序的資訊，而最不願意分享關於保留價格和渴望價格的資訊。

　　我們找到的有效策略是，以討論展開談判，看看你跟對手想要實現什麼，對彼此重要的是什麼，潛在的議題為何，甚至可能的結果或解決方案會是什麼，不過你要了解，雖然這樣的討論可以讓你填補你認定的對手價值矩陣上某些空缺（並且確認已知資訊），卻也會提供對手關於你的資訊，所以從比較普遍的問題開始，尋求回報—你的對手是否樂於提供訊息並且真誠坦率？比較他們的回答跟你已經知道的事實，看看他們對你是否坦承。

　　你無法得到全部你想要的訊息，很明顯地，你想知道對手的議題、解決方案和相對價值，當然了，如果能知道一些關於對手保留價格的資訊會很有幫助——也就是他們願意放棄談判，接受第二順位替代方案的時機。

　　你的對手應該不願意透露他們的保留價格，但是可能比較樂於分享他們的替代方案，知道了對手的替代方案，你就可以開始測估保留價格，比如在買車的例子裡，經銷商可能會詢問你，現有的車子想賣多少錢、還去找過哪幾家其他的經銷商、想要多快成交取車、還會考慮哪些其他車款等等，這些問題都能讓經銷商推測出你的替代方案，並據此測定你的保留價格。

反之，你可以獲得關於經銷商該車款的成本資訊、經銷商供貨需要幾天，以及該車款的平均售價是多少，這些全都可以提供資訊，幫助你測定經銷商的保留價格和渴望價格。

最後，保留價格也可以從談判者的行為中推斷出來，研究顯示，那些擁有更勝一籌替代方案的人，比起替代方案不如人者，會比較咄咄逼人地提出要求，這些積極的要求能幫助你評估替代方案的價值，並著重在對手的保留價格上[5]。

### 2. 哪些議題可能是分配式、整合式或一致式的？

利用計畫前兩個階段的資訊——關於議題、潛在解決方案，還有你和對手對這些選項的排序與評價——你現在應該可以決定議題可能是一致式的（無異義），或是分配式（你和對手評價相同，但方向相反），或是整合式的（你和對手評價不等，但方向相反），起初這似乎是相當簡單易懂的評估，唯一能夠辦得到的方法，就是把你對每項議題的評價，與你最佳評估對手對相同的議題評價做比較，這是一項挑戰，因為你仰賴的是你不全然了解的對手偏好。

　　比較你是如何安排自己的議題，又是如何安排對手的議題，在哪些議題上你和對手沒有同樣強烈的感覺？差異越大，把這些不相襯議題結合在一起就能實現更多潛在的價值，也就是說，如果對方在他們比較不重視的議題上讓步了，你也會在另一項你比較不重視的議題上讓步，比如說如果有項議題，像是待遇好了，是你最重視的議題，但是對方相當看重認股權和紅利，那麼設計一個方案，讓雙方都能得到更多他們所重視的，就可以創造出額外的價值，凌駕於簡單的妥協策略之上。

　　另一方面，如果你們雙方都很看重某項議題，特別是該議題能以金錢計量的時候，那項議題就很有可能是分配式的。一致式議題可能是那些反映出雙方共同利益的，而整合式議題則反映出雙方對特定議題不同的重視程度。

　　比如說，買車這個例子的合併議題–價值矩陣如下頁表5.1：

　　比較買方和經銷商所分配的相對價值，能讓你確認每項議題的類型。首先考慮價格：如你所見，在每個價位上，價格每一次增加就會讓買方取得的價值降低十分，但同樣地會增加經銷商取得的價值十分，因此價格是一項分配式議題，買方和經銷商對價格的評價相同，但方向相反。

　　接著考慮融資，在融資每回降低的百分點上，買方取得的價值就會增加兩分，因此，在融資利率上讓步所降低買方取得的價值，遠低於給經銷商帶來的利益。單獨來看，融資本身可以視為「分配式」，不過結合融資和價格，把中間點當作起點，

表5.1　合併議題 - 價值矩陣

| 價格 | | |
|---|---|---|
| 價格（分配式） | | |
| $37,500 | 40 | 0 |
| $40,000 | 40 | 0 |
| $42,000 | 20 | 20 |
| $44,000 | 10 | 30 |
| $47,499 | 0 | 40 |
| 融資（整合式） | | |
| 8% | 0 | 30 |
| 6% | 2 | 20 |
| 4% | 4 | 10 |
| 2% | 6 | 0 |
| 音響（整合式） | | |
| 單CD | 0 | 12 |
| 六CD | 12 | 8 |
| 豪華 | 24 | 4 |
| 頂級 | 36 | 0 |
| 顏色（一致式） | | |
| 白色 | 0 | 0 |
| 紅色 | 9 | 9 |
| 銀色 | 18 | 18 |

＊ 雖然是整合式議題，融資對經銷商來說比較重要，相對地，音響部分則對買方比較重要。

比較四萬兩千五百塊的解決方案以及百分之四的融資利率，這樣的交易對買家值二十四分（20+4），對經銷商值三十分（20+10），如果經銷商想用額外減價一千塊，來換取增加融資率四個百分點到百分之八，該筆買賣會讓買方獲益淨額六分（+10-4），讓經銷商獲益淨額二十分（-10+30），創造出價值取得上買賣雙方總共二十六分的淨增額。所以整合式議題可以用來增進雙方的價值取得，結合另外的分配式以及（我們很快會看到的）整合式議題。

再來考慮音響的選擇──也是一項整合式議題，雖然買方偏好頂級音響，而經銷商偏好銷售配備單CD的車輛，這些「對立」偏好的規模並不相等：每次讓步花費經銷商四分，但會讓買方獲益十二分，因此現在考慮結合兩項整合式議題（相對於前一段裡面討論的整合式和分配式議題）[6]，以百分之四的融資利率和六CD播放器作為開始，該交易對買方值十六分（4+12），對經銷商值十八分（10+8）。現在，要是經銷商願意在音響上讓步，而買方願意在融資上讓步的話：如果他們移動到頂級音響以及百分之八的融資條件上，該交易對買方來說就值三十六分（淨益二十分），對經銷商則值三十分（淨益十二分），因此，雙方的狀況都更好了，總計多了三十二分。

最後的議題是顏色，如你在合併議題-價值矩陣所見，買方和經銷商都偏好銀色，因此顏色是一致式議題，完全沒有爭議，買方真的很喜歡銀色，而事實證明，經銷商有太多銀色車輛等著，很積極想要轉移這款特定的顏色。

考慮一致式議題有兩項策略方針，首先，假設經銷商率先認定該項議題是一致式的，經銷商可以乾脆地透露這項消息給買家，雙方敲定銀色，彼此都獲得十八分；再者（也是更有可能的），假設經銷商決定玩一手策略，先提供白色，接著跟買方說，他正好找到一輛銀色的，但是比白色的貴（比如從 $42,500 漲到 $44,500），買方若是同意交易，在顏色上獲得十八分，但是在價格上損失十分，淨益八分；相較之下，玩一手策略不透露資訊給買方，經銷商可以得到二十八分，其中銀色十八分，新價格四萬四千五百塊十分。

### 3. 計劃中的缺口在哪裡？

你想在談判中得到什麼資訊？因為沒有任何籌劃過程能夠完全精準完整，你必須確認你最沒有把握的資訊——那些還需要答案的問題，要明確而具體，一旦進入談判，你可以用這些問題的答案來增進你的策略。

除了那些你不知情的對手偏好因素，或許也會有某些你以為你知道，但事實並非如此的因素，發現這類錯誤的策略之一，就是預測你的問題和提案，會引來對手怎麼樣反應，留意那些跟你的預測有顯著差異的反應，比如說，你提議交易某項你認為對他們來說很重要的議題，換取他們讓步另一項你認為相對來說沒那麼重要的議題——但是他們卻不接受，雖然極富策略的對手也許不會明白地表示你提議的交易對他們有利，出乎意料的行為還是值得你特別留意探討，你錯失了什麼？是對手不實陳述他的利益所在，還是你誤解了他的偏好？你必須能夠區分這兩種解釋，多問一些額外的問題（比方說，為什麼這樁交易對你來說不夠好？）或者要求他們提出替代方案，藉此透露他們在這些討論議題上的偏好，或是顯示出他們只不過是不實陳述他們的利益所在，以便混淆你而已。

## 4. 考慮到對手的偏好和目標，以及對手可能會採用的策略，你會用什麼策略和戰術來實現目標？

回顧你為自己設定的目標，還有你預期對手會設定的目標，把這些用來過濾挑選出符合實現目標的策略，很顯然地，湯瑪斯用來買新車的策略和戰術，不同於他用來跟姪子談判想開新車固有責任的策略。在特定談判中配合策略與目標，需要你選定策略，以最有說服力的方式呈現給談判桌彼端的人，善用你所知對手的一切來引導你的選擇。

考量你知道對手哪些事情，包括她的名聲、你們共同的談判歷史，以及你們之間關係的類型，這些因素全都能幫助你預測以及詮釋對手的行為，挑選更有效的方法，讓你能夠在互動中達到目標。掌握了有關對手資訊以及談判策略之後，籌劃仍有兩方面非常重要，你應該銘記在心。

## 籌劃考慮要項

### 1. 計畫會改變你的期望，期望會改變你的經驗

　　談判前事先計劃會改變你對可能發生之事的期望，因此也改變了你在談判中的體驗。看看下列這個研究：一項調查裡，全部的參與者都看了三段真正有趣的卡通影片，接著是三段沒那麼有趣的卡通[7]，有一半的參與者沒被告知任何跟卡通內容有關的訊息，其他的參與者（受誤導組）則被告知，全部的卡通都很有趣；受誤導組把沒那麼有趣的卡通，評價為跟真正有趣的卡通一樣有意思，那些什麼都沒被告知的人（對照組）認為真正有趣的卡通比那些沒那麼有趣的卡通有意思多了，受誤導組的受試者臉部表情錄影顯佐證了這份自我報告，指出積極期望改善了觀影經驗，他們的臉部表情顯示他們覺得全部的卡通影片都同樣有趣。

　　在另一項相關研究中，參與者被要求品嚐並評比啤酒[8]，其中一款啤酒混入了奇怪的味道（巴薩米可醋），結果顯示，一旦他們在品嚐之前就曉得有添加物，參與者會比較不喜歡有添加的啤酒，相較於不知道有添加物的對照組，品嚐之後才透露有添加物，沒有明顯降低參與者的偏好。

　　這些研究顯示出資訊改變看法的力量，在體驗之前就先得到資訊，會創造出預想的期待，這不只改變了你的偏好，也改變了你的經驗和對他人行為的詮釋，因此如果談判者在協商之

前有所期望，認為談判會是敵對的——比較像是一場戰役——
他就會透過敵對的目光來詮釋和評估對手的行為；又或者如果
談判者預期的是比較偏向合作的互動，就會以全然不同的合作
問題解決角度來評估對手的行為和談判本身。

## 2. 不確定是好事：適量為佳

　　談判前進行籌畫過程，可以降低談判的不確定感或不可預
測性，這看起來當然是優點，不過你在計畫談判時，原本不清
楚的事情變明白了，這可能會喚醒不可預測的幽靈，如果你對
於談判會怎麼發展太過有自信，你對於可預測性的看法可能會
帶來意料之外的負面後果，讓你的價值創造成效不彰。

　　看看下面這個關於不確定感和價值創造之間關聯的例子。
一項研究中的參與者分為確定和不確定兩類，事關前次互動中
對手的行為是否非常自私[9]，覺得自己確定對手行為不良的談判
者，準備時涵蓋了比較少價值創造的策略、比較多的固定價值
策略，而那些覺得自己不確定對手行為是否自私的談判者，準
備時則涵蓋了比較多價值創造的策略、比較少的固定價值策
略。不只談判者制定的策略有明顯的區別，他們的結果也反映
出那些差異，那些比較不確定的人，得到了比較好的結果，擁
有更多共同價值，因為他們的策略裡有更多價值創造的機會。

　　太過不確定跟不夠不確定對價值創造都不好，不確定感令
人不知所措的時候，大家會依賴自己學得最好、最熟悉的慣例

或作法，即使不確定感是種令人厭惡的經驗，你願意付出相當程度的努力來解決，太過不確定仍會創造出一種人稱威脅僵化的狀況，面對周遭環境中變革和意料外的改變，大家常常會回復到自己過度學習的顯著行為[10]，只要不確定感的程度從有用（能促使談判者更深入思考價值取得和價值創造的策略）變成壓倒一切，談判者往往會恢復他們最嫻熟的顯著行為──通常包括了預期會有敵對的互動、妥協讓步，以及固定價值架構。

怎麼應付不確定感通常取決於你有多少心智資源可用，在某種程度上來說，你的心智資源當然是內在固有的，不過研究發現有三項因素會影響你儲備的心智能量，也因此影響了你對不確定性的反應：了解需求、時間壓力、準確動機。

個人在做選擇或下決定時所需資訊或知識多寡有所不同，這種差異就是他們的「認知了解需求」[11]，高度了解需求的個人想法和意見都很堅定，能夠很快地下決定，憑著不完整但容易取得的資訊，碰上不確定時，高度了解需求的個人會更積極地去減少不確定感，藉由很快地做出決定來達到──在談判中，高度了解需求反映在渴望迅速達成協議，排除與談判有關的不確定性；低度了解需求的個人比較願意去考慮多種詮釋或是相互矛盾的意見，寧可更有系統地收集資訊，再形成意見或做出決定，也比較願意暫時不做判斷，低度了解需求的人願意容忍不確定性，暫緩判斷，直到他們能夠系統化地評估情勢[12]；在談判中，低度了解需求的人會積極收集資訊，去解決或緩和不確定感，而不是很快地達成交易。

不管是因為形式上迫在眼前的截止日期，或是覺得時間不多了，時間壓力都會影響到談判者如何處理資訊。談判中的時間壓力影響了資訊處理策略，感受到高度時間壓力的談判者會花比較少時間還價，達成最後協議，據信也比較沒有動力去處理資訊，提出的論點比較沒有說服力，比起感受到較低時間壓力的談判者，也會用上更多的直覺。結果就是，感受到高度時間壓力的談判者用了更多直覺處理策略，所達成協議的共同價值也明顯偏低，不像那些感受到較低時間壓力的談判者，能夠更有系統地處理資訊，即使所有的談判者實際上擁有的時間相等也是如此[13]。

最後，談判者對準確度的考量也會有所不同—他們的「準確動機」[14]。高度準確動機往往出現在必須負起協議品質責任的談判者身上，不管是對支持者或是第三方[15]，因為他們協議的品質也與更有系統地參與和資訊處理有關[16]，在談判的情境中，那些預期自己的談判行為會受到第三方評鑑的談判者，比較不會淪為固定價值偏見的受害者，比起那些沒想到自己要接受評鑑的談判者[17]，也能獲得共同價值更高的結果。

當然了，上列概述的計劃過程很有挑戰性，就算再怎麼積極渴望得到更多你想要的，並非所有的談判都需要計劃到這種程度，事實上，上一回瑪格里特用到這樣全面的計劃過程，是在跟史丹佛大學談判的時候，那次之後，她在比較日常的談判中所作的計劃，包括與先生、共筆作者、朋友和同事之間的，都是這個三階段過程的簡化版本，花在準備談判上的時間應該要與其相對重要性一致，議題或多或少與計劃有關——不去計劃或是沒計劃，即使在相對平淡無奇的談判中，你的底線是要清楚你的替代方案、保留價格以及渴望價格，也要了解需要討論的議題，從你的角度也從對手的角度來看，而且不同於大多數談判者本能的偏好，錯在計劃過度的方向，勝過計劃太少！

　　即使你做出相當詳盡的三階段計劃，反映出本章中的所有重點，那仍然是不完整的，談判總會有幾方面，尤其對手的利益、偏好或是選擇，是你不知道的，然而準備好你的計劃，你就更清楚有哪些未知數，可以在真正談判時標記留意。

　　下一章的主題是策略性思考——也就是利用你在籌劃當中所發展出來的，選擇策略和戰術，幫助你得到更多你想要的，如果說本章全部都是關於跟取得你和對手的基本資訊，第六章會更加深入：在那一章中，重點在於了解你的對手，預測他們對你採用的各種策略和戰術可能會有的反應。

## 摘要

　　有效的籌劃和準備對於成功的談判很重要，特定談判的重要性會影響你準備的詳盡程度，而談判前的準備應該包括三個重要階段：

- 釐清你想要什麼，建立起議題-價值矩陣把那些東西量化。
    - a. 你想在談判中實現什麼？
    - b. 你要談判的議題有哪些？
    - c. 各項議題對於實現你的目標有多重要？
    - d. 每項議題的潛在協議選項有哪些？
    - e. 對於你的目標來說，這些解決方案的相對作用／價值為何？
    - f. 你在本次談判中的因素為何？
- 釐清你的對手想要什麼，建立起對方的議題-價值矩陣。
    - a. 對手在此次談判中的目標是什麼？
    - b. 對手的議題是什麼？
    - c. 各項議題對於實現他們的目標有多重要？
    - d. 對手的因素為何？
    - e. 經過你確認的潛在解決分數是否充分？
- 發展你的談判策略。
    - a. 如何收集你所需要的額外資訊？
    - b. 哪些議題可能是分配式、整合式或一致式的？
    - c. 計劃中的漏洞在哪裡？
    - d. 考慮到對手的偏好和目標，以及對手可能會採用的策略，你會用什麼策略和戰術來實現目標？

　　籌劃時，留意埋藏在計劃中的假設和期望，你在談判之前的所作所為，會影響到你對於即將發生之事的期望；除此以外，雖然計劃可以降低不確定感，你可不希望太過於相信自己，或是太過確信對手會有什麼反應，談判中適度的不確定感與價值創造的結果有關，因此適量的不確定是好的，不確定感太少會讓你太有自信，太多了則會讓你很快恢復到最嫻熟的顯著行為——在談判中，呈現出來很可能會是僵化地固守零和和妥協觀點。 多少不確定感才算太多，至少取決於三項因素：（1）了解需求（你有多能容忍模稜兩可，又有多願意忍受猶豫不決）；（2）時間壓力（期限對你的影響力有多大）；（3）準確動機（你是否需要跟旁觀者或有關當局辯解自己的所作所為）。

# CH
# 6

## 無雙不成舞
在談判中策略性思考

　　談判中，創造價值的行為（擴充可得的效益／資源）與取得價值的行為（彼此分配效益／資源），兩者之間有種緊繃關係，分享資訊有助於創造價值，但是向對手透露資訊則會妨礙到你取得價值的能力。

　　回想一下我們在第四章中討論到的單方面全面披露策略：把資訊全都告訴對手，會讓她能去決定可行的最大份資源，藉由你透露的全部資訊，她可以提出一個在你的保留價格之上、她認定你很可能會接受的最小增值額，讓你基本上只剩下你的保留價格，她自己則取得剩下全部的價值。

　　制定策略，決定該分享多少的資訊是項重大的挑戰，如果你分享比較少的資訊，整體大餅或許會變小（肯定不會變大），但是比起更大塊的餅，你或許能夠取得更多。

　　挑戰其實分為三方面，首先，如果得到更多想要的是你的目標，價值創造就是達到目的地手段，而不是目的本身。

　　再來，就本質來說，價值創造是合作的，相較之下，價值取得本來就是敵對的，因此，價值創造或許能促進現有價值的取得，有些價值創造策略卻會妨礙你獲取價值。

　　最後，創造價值跟取得價值的行動，兩者之間差別是流動的，因為價值創造的機會存在於談判雙方對某些議題的評價不同之時，選擇性地宣稱價值不對稱的議題的立場，能增加你最終可以取得的大餅尺寸，無區別的資訊交換會讓你沒剩下多少，即使原本是為了增加餅的大小。

　　知道該分享哪些訊息，該如何分享，在大部分的談判中是很重要的策略考量，對大多數人來說，策略性思考並非與生俱來——不過幸運的是，求助有門，有一整個研究領域——賽局理論——都著重在社會互動中的策略思考，在這一章裡面，我們憑藉賽局理論的原理來幫助談判者得到更多他們想要的。

## 理性觀點

　　賽局理論假設當事人都會以理性的態度來追求利益，並且充分了解他們的對手也同樣會這麼做，因此你必須考慮到，對方追求他們的目標，而你追求你的目標，你們的最終目標可能不一致，舉例來說，買方應該要了解，賣方的行動是基於賣方的資訊、動機、渴望以及目標（當然還包括了賣方所知關於買方的一切），同樣對等地，賣方也必須接受，買方的行動是基於買方的資訊、動機、渴望以及目標（當然還包括了買方所知關於賣方的一切）。

　　賽局理論在雙方可以忽略對手行動，一心追求自己目標的情況下，是派不上用場的，談判者有時候表現得（起碼看來如此）就像是達成目標不用靠他們的對手，現實世界中唯一你能選擇忽略對手行為的狀況，就是你對情形擁有完全的控制指揮權[1]，但是如果你的對手不能一走了之，這就不算是真的談判，不是嗎？

　　賽局理論也假設談判者會以理性的態度追求目標。賽局理論不可避免地假設了行為者的認知能力以及他們之間的互動，如此一來就能確認兩個理性行為者之間能夠達成什麼，這樣的理性假設並不表示行為者不會犯錯──只不過錯誤是隨機而不可預測的，當然有相當多的研究指出，人類會犯錯，並且常常偏離或違背這些理性假設，方式往往也在預料之中，不過如果錯誤是可預料的，關於這些有系統錯誤或偏見的知識，就能讓你預測和利用對手的行為，也可以避免你自己可能會犯下的錯誤[2]。

　　策略互動的特性就是把對手可能的行為納入考慮，因此就像在一盤棋戲中，一號玩家會把二號玩家對某一步棋或某套走法的可能反應考慮進去，熟練的談判者會展望未來、往回推論，把對手可能的行動納入考慮。

　　這種展望未來、往回推論法則的好例子可見於在三方決鬥裡，談判者必須用來分析策略選擇的方法之中，這是兩人決戰的三方版本──在我們這個例子中，大白、阿灰與小黑──陷入了三方逐序槍戰。假設大白是個蹩腳的槍手，命中率大約是三分之一，阿灰稍微好一點：命中率是百分之五十，最後的小黑則是百發百中，他這人是真正危險份子！這場比賽顯然不公平，大白可以先開槍，接著是阿灰（如果他還活著），再來輪到小黑（如果他還活著），如此這般，直到只剩下一個人還站著。

　　想像你要給大白一點建議，他該做什麼才能增加他存活下來的機會？利用展望未來、往回推論法則，你可以發現開槍射阿灰會是個很糟糕的決定，因為如果大白成功了（坦白說只有三分之一的機率會成功），接下來他就會死在神槍手小黑的槍下，因此往回推論就可以很明白地看出來，開槍射阿灰是個嚴重錯誤。

開槍射小黑顯然比打阿灰好──但理由不是你所想的那樣，乍看之下，似乎是這樣沒錯，因為如果大白殺了小黑，就換阿灰對大白開槍──這可比挨上小黑一槍好多了，所以如果大白殺了小黑，他就得跟阿灰兩人決戰，由阿灰先開槍。但是如果大白沒射中小黑呢？那時候阿灰就得決定要朝哪兒開槍，而很明顯他會開槍射小黑，如果他失手了，小黑會反擊開槍射阿灰，因為阿灰是個比大白更危險的對手，此外如果阿灰失手了，小黑的百分百中表示他一定會殺了阿灰，那就又輪到大白了。

因此如果大白先對小黑開槍，大白有三分之一的命中率──但他也會有百分之五十的機率被阿灰殺死；但是如果大白沒射中小黑，阿灰又設法殺了小黑，那麼大白跟阿灰又得再次交手──只不過這一回輪到大白先開槍，不過要發生這種情況，大白得在第一回合失手沒射中小黑才行。

因此，大白在這場三方決鬥中的最佳勝出機會，就是要先對小黑開槍並且沒射中，他很可能光憑運氣就做得到，但他不應該依賴他的蹩腳槍法！你建議大白應該不要射中小黑，這讓他射不中小黑的機率從百分之六十七增加為百分之百。

　　展望未來並往回推論，可以讓你確認大白的最佳策略，選擇能夠增加他在三人決鬥中存活率的行動方針，要做到這一點，你當然必須考慮對手阿灰跟小黑可能會有的行為——在這裡的情況中，你可以完全準確地做到，因為各方人馬都知道所有的資訊。

　　相較之下，在談判中各方擁有的資訊都不完整，必須想辦法找出更多的事實——不過這只是第一步，一旦揭露了額外的資訊了，了解該怎麼運用這些資訊很重要。

　　策略考量是所有社交活動的特徵，善用社交場合裡所透露出來的資訊，其實出乎意料的困難，看看下面這個我們最近在諮詢任務中的經驗。我們的客戶是一家大型不動產投資信託（REIT），出價以每股十五塊美元購買一家小型加拿大不動產投資信託公司的資產，作為拍賣的一部分，投標者都同意在某個特定日期提交最佳及最終報價，並在該期限之後避免更進一步出價，這家加拿大不動產投資信託公司的董事會接受了我們顧客的開價，雖然仍然需要股東的同意。

　　開價之後（股東投票之前），目標股價落在每股十四點九塊的小幅差距範圍內，但是股東投票日幾個禮拜之前，競爭的公司違反了前先的協議，提交出每股十八塊錢的新開價，隨著股東投票日逼近，目標股價交易額每股高於十七塊。

　　顯然因為股價上漲了，目標股東不會同意以十五塊成交，我們的客戶必須假設此次投標會失敗，最簡單的檢視方法，就是考慮目標股東所面臨的三個選項：（1）投票贊成我們客戶的開價，每股得到十五塊錢；（2）投票反對，拒絕合約，等待更高的出價，可能高於每股十五塊（可能會出現，也可能不會，因為我們的客戶控告干預者「侵權干擾合約」——意思是干預者非法介入了我們客戶的有效合約；或者是（3）在市場上出售股票。拒絕合約的收益無法確定，而很明顯的，只要股價高於每股十五塊，替代方案（3）就比替代方案（1）對目標股東更具吸引力，因此雖然不清楚出售或拒絕才是比較好的策略，只要交易股價高於十五塊，我們客戶原來的開價十五塊就會遭到拒絕。

　　預料到這一點，我們的客戶威脅要讓這樁交易陷入漫長的訴訟中，讓股價下跌到十六塊左右的範圍，接著我們的客戶提高開價到十六塊半，以這樣的價格購得標的物（事實證明，我們的客戶也從競爭對手那兒收回了每股多付的一塊半，從成交以後的侵權干擾合約訴訟裡得到的）。

　　在這兩種情況之下——三方決鬥以及我們的客戶與競爭對手跟股東的三方互動——採取的行動是逐序的，不論你是透過文字或行動來談判，只知道你想要什麼是不夠的，也就是知道你的渴望價格、替代方案和保留價格，由於談判的策略本質，分析對手可能行為的重要性，對你的成功也很關鍵，不知道自己想要什麼，或是忽略對手有系統——也因此可預料的——行為，降低了你獲取更好交易的能力。

　　把對手可能的行為納入考慮，需要你致力於展望未來、往回推論的策略，這樣一來，你就更有可能去考慮你的明確目標，也更能理解對手的動機和渴望。如果你明白資訊收集在成功上所扮演的關鍵角色，你就更有可能著手進行認真（並且有系統的）計劃過程。

　　當然了，預測人類行為比單靠理性原則更為複雜，許多心理因素塑造了個人所做的選擇——其中之一就是對於何謂公平的看法。

## 公平與理性

　　看看下面這個情況：不知名的雙方有個機會可以瓜分一百塊錢，其中一方——分配者——任務是要分配那一百塊，另外一方——決策者——再去決定是否要接受該分配。

　　分配者可以把一百塊分成九十九塊給自己、一塊給決策者，或是一塊給自己、九十九塊給決策者，介於這之間都行，分配結果會以電子裝置傳給決策者，他必須在兩個選項中挑一個：如果決策者同意該分配，錢就會照分配者跟決策者的指示來劃分，遊戲結束，不再重來；如果決策者說不要，錢就不會分出去，遊戲結束，不再重來。在兩種結果之中，不管是決策者或分配者都不會知道對方的的身份[3]。

　　假設你被指派了分配者的角色，你會分配多少給自己，多少給對手？如果你在湯瑪斯的古典經濟學世界接受訓練，答案很明確：你會分配一塊錢給決策者，剩下的給自己，遵循「展望未來、往回推論」法則，你的結論一定是決策者面臨的抉擇很簡單：拿一塊，或是什麼都沒有，任何有理性的決策者顯然都會選擇一塊，不是嗎？

錯了。想像你自己就是那個決策者，你的電腦螢幕上出現了分配結果：九十九塊歸分配者，一塊歸你，你會按下「好」還是「不好」的按鍵？面對這樣的決定時，大部份的人似乎都會選擇放棄一塊錢，只為了滿足於知道想拿走九十九塊的貪婪分配者什麼也得不到（事實上，大部份的決策者要等到七三比分配才會同意，相當少數的人會同意以六四比分配，大多數的決策者都會同意以五五比攤分）。

如果遊戲中牽涉到的總金額數目高多了呢？決策者能分配到多少是否會讓你改變心意？大部份人想到這一點，都同意會改變，但是研究者發現證據指出，大多數人並不會真正改變自己的行為，即使遊戲中的總金額增加了[4]，分配相當於十個月的薪資時，決策者不太可能同意九一比分配，他們會開始同意以七三比分配，相當少數的人會同意以六四比分配，而幾乎全部人都會同意五五比攤分。

為什麼會出現這種情況？研究人員還沒有找到一個簡單的答案，不過似乎很可能是因為，決策者根本無法忍受自己被用作分配者獲益的工具，即使是為了相當於十個月的薪資，他們就這樣說不要。

　　然而要是決策者有更多關於遊戲中分配者的資訊，那些訊息會影響到他們的決定，比如說，如果決策者知道分配者的職位是他們掙來的，而不是隨機分派的，決策者通常會比較願意少拿一些，更具爭議的是，如果兩性決策者知道分配者是女性，他們會要求更多才肯答應，相反地，如果兩性分配者知道決策者是女性，他們會很明顯地分配比較少給她[5]。

　　想想這對談判意味著什麼：各種因素，包括公平、合法、正當，甚至是對手的身份，都會影響各方是否同答應某項交易的意願，明智的談判者明白這種自願協議的觀念，能把提案包裝為解決對手問題的方法，好讓他們的建議更具吸引力，當然了，某些情況下，你所知道的資訊不足，沒辦法用這種方式打造你的提案——我們會在下一節裡面處理這項挑戰。


## 不對稱訊息的策略性思考

　　談判中最大挑戰之一，就是不對稱訊息的呈現：對手知道，而你卻不知道的消息，比如說，在許多採購協商中，買方通常有交易項目的資訊優勢，包括促使他們決定出售的真正原因，因此理性的買家應該要問，「為什麼是這個項目？為什麼是現在？」看看湯瑪斯想買輛二手車時發生的事情。

　　1989年在凱洛格學院取得終身教職以後，湯瑪斯決定要買一輛紅色的雪佛蘭敞篷車犒賞自己，雪佛蘭才剛新推出一款配備六速手動變速器的車子，由德國采埃孚公司（簡稱ZF）製造，顯然是每位剛獲終身職的大學教師所必備的！不幸的是，教授的薪水—就算對那些才獲得終身職的人也一樣——侷限了湯瑪斯的選擇，他只買得起二手雪佛蘭，不過他知道，要買就只能買用過幾個月的二手車，因為前一款型號有四加三的笨重手動變速，顯然令人無法接受。

　　幸運的是，湯瑪斯找到一台絕美的樣本，紅色車身、黑色皮革內裝加上黑色車頂——他最愛的顏色搭配，他一見鍾情，在他的技師朋友陪同之下，湯瑪斯開始仔細檢查——引擎蓋下、車底下，還有所有這兩個人能想到的地方，他們找不到任何對勁的地方，車子看起來完美極了—近乎全新，只要新車價格的七折。

　　作為最後的檢查，湯瑪斯問車主為什麼要賣掉這麼棒的車子，才開了六個月而已，車主看起來很難過，指著坐在門廊上的一名年輕女子：「我女兒啊」，他解釋道，「下個禮拜就滿十六歲了，這輛車子對她來說太過頭了，但我懷疑我自己沒辦法叫她不要開這輛雪佛蘭，去改開家裡那台奧斯摩比旅行車！」聽到這番解釋，讓技師朋友驚訝的是，湯瑪斯決定放棄這個機會，你想得到原因嗎？

　　答案很簡單：湯瑪斯根本不認為車主的解釋有說服力，早在他六個月之前買下這輛車子的時候，他當然知道自己的女兒很快就要滿十六歲了，當然可能他夠有錢，早就料到六個月以後得把車子賣掉，但打七折對於這麼短時間的享樂，代價似乎太高了，除此之外，如果賣方真的這麼富有，那麼首先他為何要把車子賣掉就更有疑問了，他大可另外買一輛有趣但更安全的車子給他女兒——像是一輛配備乏力六汽缸引擎的野馬，這樁買賣的動機非常可能來自於那輛雪佛蘭有嚴重問題，某個湯瑪斯和他的技師朋友都沒能發現的問題，換句話說，湯瑪斯覺得他不夠有錢到冒這樣的險。

　　不對稱訊息並不限於協商二手車買賣，事實上在所有的談判中多多少少都存在，因為談判時，雙方都擁有完整資訊的情況確實很少見，不過談判者雖然時常面對不對稱資訊，卻不表示他們已經發展出良好的技巧能應付這項挑戰，想一想遇到下列情況時，你會怎麼做：

　　你代表Ａ公司，想從所有權人手中以現金百分之百收購Ｔ公司，Ｔ公司的價值取決於目前正在進行中的石油探勘計劃結果，如果計劃失敗，Ｔ公司便一文不值——每股零元，如果計劃成功，Ｔ公司的價值在當前的管理之下，可以高達每股一百塊，從零元到一百元之間的股價都有同等的可能性。

　　Ｔ公司在Ａ公司手中，會比在當前的管理之下價值多出百分之五十，比如說，如果當前的管理讓Ｔ公司每股值五十元，在Ａ公司的管理下每股則會值七十五元（技術上來說，Ａ公司與Ｔ公

## 艾克羅夫的檸檬市場

在1970年發表的〈檸檬市場：質量不確定性和市場機制〉論文中，喬治‧艾克羅夫（George Akerlof）描述了一個極端資訊不對稱的市場：二手車市場上，賣方比買方擁有更多關於車子品質的精確資訊，因此如果賣方願意接受售價，買方應該推斷，該車的品質低於價格所指，這樣一來，買方應該遵循「買者自慎之」的古老原則，理性地將二手車的價格打折扣，因為大家比較有可能自己留著好車子，賣掉爛車子！這轉而會更有可能把好車逐出市場，只剩下爛車，結果就是更低的價格，又會逼走更多好車，直到市場上只剩下檸檬（次級品），這也就是論文名稱的由來。

這看似無關緊要的經濟學論文主題，卻提供了格魯喬‧馬克思（Groucho Marx）名言的經濟學基礎：「請接受我的辭呈，我不想屬於任何會接受像我這種人成為會員的團體」。艾克羅夫的資訊不對稱之作讓他更進一步：2001年，他與邁克‧史賓賽（Michael Spence）和約瑟夫‧斯蒂格利茨（Joseph E. Stiglitz）獲得諾貝爾經濟學獎，由於「他們對於訊息不對稱市場的分析」促進了一個新領域的發展——資訊經濟學。

司結合，比起單獨的T公司，能創造出百分之五十的合併效果）。

　　你的任務是要替A公司獲利，T公司的所有權人會拖延決定是否接受你的出價，等到他們知道（但你不知道）計劃結果為止──並且在鑽探結果公諸於世之前接受或拒絕你的出價，從A公司的角度看來，你所要考慮的是介於每股零元（也就是不報價）到每股一百五十元的出價。

　　你會開價每股多少錢[6]？

　　如果你的回答是每股六十元，那麼你就像我們大部分的學生一樣，似乎基於下列的推論來開價：該公司對其所有權人的無條件期望值為每股五十元，對A公司的期望值為每股七十五元，因此，A公司只要開價低於七十五元就能合理獲利，也可以合理預期只要他們的開價大於每股五十元就會被接受。平均來說，我們的學生開價為每股六十元。

　　起初，這樣的開價看似合理，是介於T公司對所有權人的價值與A公司結合後價值之間的平均值（也就是介於每股五十元跟七十五元）[7]，然而這樣的開價通常都會讓A公司賠錢。為了了解原因，想想若是T公司接受了A公司的開價，A公司會得知哪些關於T公司的私密資訊，因為T公司的所有權人握有他們股票價值的精確估價（他們知道有多少原油），合理來說，他們只會接受對他們有利可圖的交易，所以如果T公司接受你的六十

塊開價，就表示可能價值的範圍不是零元到一百元，而是零元
到六十元，因為他們不會接受比他們擁有原油價值更低的開
價，既然全部的價值都同樣有可能，T公司有可能接受的開價平
均值為三十元，而因為T公司對A公司而言多值百分之五十，A
公司對T公司接受自己開價的期望值為四十五元，所以，如果A
公司的開價被接受了，A公司所開出的每股六十元會導致十五
元的虧損（60元- 45元）！事實上，開價每股六十元的承購者，
有百分之六十七的機會賠錢（因為A公司要想打平收支，只有在
T公司的原油價值多於四十元時才有可能，T公司的原油價值有
三分之二的可能介於零元到四十元，三分之一的可能介於四十
元到六十元）。

　　前面兩個例子突顯了資訊在談判中的兩項重要事實，第一
點很明顯：並非所有的參與者都擁有相同（或是全部）的資訊，
在前一個例子裡，A公司知道T公司持有原油量的分佈，T公司
則清楚自己持有的確切原油量[8]，像這樣不對稱的資訊，對於雙
方談判成功與否影響重大。

　　不過還有第二點比較微妙的道理隱藏在前一個例子裡：雙
方的行動反映出他們所知道的資訊，所以比如T公司的所有權
人接受了A公司每股六十元的開價，A公司就知道T公司所有持
有的原油量價值必定等同或少於六十元。因此套用我們的展望
未來、往回推論原則，在提出六十元的開價之前，A公司應該
要問：「如果我打算開價六十元而且被接受了，我會得知什麼？」

答案是T公司持有的原油大概不到六十元，也不值六十元，但是如果開價被接受了，T公司平均持有價值三十元的原油，那麼「我就會虧損，因此我起初就不應該提出那樣的報價。」[9]

到目前為止應該已經非常清楚了，你的成功取決於善用資訊，那些你在籌劃階段所收集的，加上在談判中所獲知的，不過某些類型的資訊對於你取得價值的能力影響比較大，因此也更具策略重要性。讓我們考量不同類型的資訊，以及有（或沒有）那樣的資訊，對於你獲取更多自己想要的能力有什麼影響。

## 保留價格

我們可以說，某方的保留價格就是他們所擁有最具策略意義的資訊，因為能幫助談判者辨別交易的好壞——也能讓對手取得更多原本不屬於他們的價值。比如說，如果對手知道了你的保留價格，他們可以就這麼包裝自己的開價，在你的保留價格上增加他們評估你會接受的最小額度，提出開價，堅持到你同意為止，他們就能取得剩下的所有價值。[10]

因此我們強烈建議，不要透露自己的保留價格，但是如果你面臨了僵局呢？是否在某種情況下，你應該透露自己的保留價格？

看看下面這個場景：你的對手在談判一陣子過後，說「好吧，這是我最好也最後的開價，我就是無法再多付半毛錢了。」為了佐證這樣的說法，她透露了她所宣稱的保留價格，你相信她嗎？如果你像大多數人一樣，你不會相信，原因在此：如果她告訴你真正的保留價格，讓你達成了交易，那麼她就只能得到她的保留價格，那樣一來，她跟陷入僵局、轉身離去也沒有兩樣，清楚這一點，她很可能會謊報她的保留價格，因此如果她告訴你，這是她最好也最後的開價，你可以合理假設，她還有一些事情可以讓步，所以與其讓她知道你的保留價格，你寧可相信對手報出假的保留價格，這一點反過來，也暗示了還有更多你能夠從談判中取得的潛在價值。

　　忍不住想要跟對手分享你真正的底線時，你應該重新考慮—因為正如前面的例子所說明的，你無法確定對方會相信你，或是會以善意回應你，當然了，直接了當把保留價格告訴對手可以節省時間，得到她的回報，然後平分盈餘，但是這種策略有幾個問題，第一，平分共享或許有些浪漫的吸引力，但從經濟學的角度來看，卻未必能夠反映出公平的分配，因為雙方的貢獻不同，替代方案也不一樣，更重要的是，洩露你的保留價格有相當大的風險，更甚於就這麼透露那究竟是不是你的臨界點，這是因為不論你或你的對手都無法確實分辨，彼此說的是實話還是不實陳述自己的保留價格。

　　過度分享還有另外一個危險的影響，比如說，假設我們最早在第二章裡提到那個賣黃牛票的，一開始開價戲票要六十元，你回答說你最多只願意付三十元[11]，黃牛懷疑其實你願意付三十元以上，只不過她不確定是多少，因此她讓步降價，戲票現在開價五十元，你堅持三十元，她又試了一次，開價願意降到四十五元就好，你再度重申，你最多只願意付三十元。

這場談判會如何收場？我們的研究顯示，結果違反直覺：分享你真正的保留價格，實際上增加了談判陷入僵局的可能性，而且得到資訊的一方，比起透露自己保留價格的一方，更有可能轉身離去，宣稱透露方沒能真誠地參與議價[12]。因此，老老實實地透露你的保留價格——對手不期望你會這麼做，也無法合理地驗證——會導致更多的僵局，因為得到誠實揭露的一方——在這裡是賣戲票的黃牛——很可能會懷疑你提供了假的保留價格，堅持下去只會讓她轉身離去，所以看似能夠有效率取得價值的更直接策略，反而更可能會導致僵局。

總而言之，透露你的保留價格或是能夠讓對方準確測估的資訊，在談判中是一項嚴重的錯誤，當然同樣的原則也適用於你的對手——向你透露他們的保留價格只會讓你取得談判中所創造出來的大部分甚至全部盈餘，或者是讓你加速離去，因為你無法證實那是不是他們真正的保留價格。

## 一致式議題

　　接著考量你該不該透露沒有共識的議題——雙方都想要一樣的東西，比方說，假設在前先購買輪胎例子中，經銷商有很多個營業點，而經銷商和湯瑪斯都希望輪胎能送到A地，那裡比較靠近湯瑪斯的辦公室，但是在談判之前，雙方都不知道彼此的偏好，也就是說，經銷商不知道湯瑪斯的辦公室在哪裡，湯瑪斯也不知道經銷商在那個地方有很多輪胎，因為經銷商跟湯瑪斯都喜歡同樣的地點（例如A地），該地點就是一項一致式議題。

　　假設現在經銷商發現湯瑪斯偏好去A地點取貨，但是湯瑪斯沒有發現經銷商也偏好A地點，那麼知道該地點是一致式議題，就給了經銷商策略優勢，她可以表現得很大方，提供該地點給湯瑪斯而不要求任何回報，這稱為「直接策略」，如果經銷商想跟湯瑪斯建立融洽或是更好的長遠關係，這非常有用。另外，她也可以提出以A地點交換讓步，比如更高的價格，這稱為「交易策略」，如果經銷商的目標是儘可能從交換中取得最多的價值，這會非常有用。

　　因此，雖然透露一致式議題不會像透露保留價格那樣，讓你陷入策略劣勢，這麼做還是必須付出潛在的代價，所以需要深思熟慮的分析，舉例來說，你可以就這樣把資訊透露出去，釋出善意，或者你可以利用資訊優勢，拿來交換對手在其他的

事情上讓步，在直接策略跟交易次略之間的抉擇，取決於你在
談判中重視什麼，不過不管哪個方法，你的知識都能獲得回報。

## 整合式議題

　　策略資訊清單上最後一項應該謹慎分享的，是與談判中整
合式議題有關的資訊，要知道為何如此，可以看看稍早的例
子。湯瑪斯願意每天多付十元讓交貨日期提早，經銷商則只要
每天多兩元就願意加速交貨，加速交貨因此創造出每天八元的
淨利（湯瑪斯每天十元的增量效益減去經銷商每天兩元的增量成
本），創造出來的價值能夠讓雙方在談判中去爭取。

　　但誰能夠取得這額外的價值呢？研究顯示，如果雙方都發現
了價值創造的潛力，那麼他們更有可能平分，在我們的例子裡，
湯瑪斯與經銷商每人每天能得到雙方同意加速交貨的四元。[13]

　　但是假設湯瑪斯知道經銷商願意加速交貨，只不過不確定
那要經銷商多少成本，不清楚成本的湯瑪斯，也許會提出給加
速交貨每天多付三元。

　　為了簡單起見，假設經銷商接受了湯瑪斯的三元開價，現
在，加速交貨的每一天會讓湯瑪斯掌握七元的額外價值，經銷
商則得到一元，因此，如果湯瑪斯知道交貨日期是一項整合式
議題，甚至最好知道每多一天對雙方的價值為何（比如對湯瑪斯

來說是十元，對經銷商來說是兩元），他就可以更加有效地創造價值，並且取得其中的大部分。

不過這裡有個兩難的局面：為了創造價值，你必須確認找出整合式議題，測估你和對手的不同偏好能夠創造出來的價值——但是你必須在不分享太多資訊的情況下做到這一點。第一步當然是籌劃準備階段，此時你應該試著在談判之前取得越多資訊越好。準備時，你已經確認了考慮中各項議題對你與對手的相對重要程度，你應該考量的議題是那些你的評價跟你評估對手的評價會有相當大差異的，因為這些很可能是整合式議題，比如說，在購買輪胎的例子中，湯瑪斯確認了他最多願意每天多付十元，加速他原本的保留交貨日期，接著從對手的角度來分析局面——經銷商加速交貨的成本是什麼？比方說，經銷商能不能在短時間以內，從供應商那裡拿到輪胎？額外急件的運輸成本是什麼？是否有人排隊等著安裝輪胎？湯瑪斯也許能在談判之前找出一些答案（但是大概沒辦法回答全部的問題）。

一旦湯瑪斯下了結論，認定經銷商在乎價格勝於交貨日期，下一步就是弄清楚她加速交貨的成本是什麼，假設湯瑪斯估計她急件交貨的成本大約為每天三元，那麼湯瑪斯可以提議每天增加三元，請她以急件交貨，注意一旦湯瑪斯開出這樣的條件，經銷商就能推斷，急件交貨對湯瑪斯來說，一天至少值三元，所以如果經銷商深思熟慮過且富有策略，她大概不會接受湯瑪斯一天三元的開價，而會還價要求一天五元，提出相反意見事實上是最理想的，能夠增加她的利潤，而且只透露最少的資訊給湯瑪斯：確認了交貨日期仍舊是整合式議題，並且讓湯瑪斯無法測估出她真正的成本，因為還價只是設定了五元的急件交貨成本上限。

　　此時雙方也許會來回拉鋸一陣子，但是假設他們最終達成一天四元的協議好了，仍然能夠創造出每天八元的額外價值（記住，雖然湯瑪斯以為經銷商的保留價格是每天三元，事實上她的保留價格是每天兩元），其中每天六元的價值分配給湯瑪斯（十元-四元），兩元給經銷商（四元-兩元）。

　　讓我們再次注意籌劃準備有多重要，因為湯瑪斯懷疑交貨日期對他的價值，可能大於經銷商所必須承擔的成本，他提出了他所認為的對方保留價格一天三元，沒有準備的話，他可能會以為交貨日期是分配式議題，因而開價接近他自己的價值十元，如果他開價急件交貨每天多付十元，經銷商很可能會接受，佔走全部的價值，如果他開價九元而經銷商接受了，他就會知道交貨日期是整合式議題——不過這樣知道的代價太昂貴了，因為經銷商會得到大部分在過程中創造出來的價值。

　　在這個例子中，初步鑑定出整合式議題，乃是根據籌劃與準備，然而事實上，想找出整合式議題的許多必要資訊，都需要談判中資訊能在雙方之間交換。資訊交換有各種方式，不論是互惠互利或是明確提議交換，依賴互惠互利能鼓勵對手配合交換資訊，減輕片面資訊交換的不利影響。

## 鼓勵互惠資訊共享

有時候你或許會猶豫是否該共享資訊，因為擔心對手會利用你，雖然這樣的擔心很合理卻不夠敏銳，如果你早已跟對手建立起關係，雙方都期待未來有互動的話。

但擺在眼前的事實是，為了創造價值，談判者必須展開資訊交換的過程，踏出第一步，分享一些資訊，可以啟動互惠的資訊交換過程，挑戰在於該分享什麼、該如何分享。

你挑選用來開始分享過程的資訊，應該要能打開話題，而且就算對手沒能互惠予以回報，也不會對你的策略地位造成重大傷害，比如說，你或許可以藉由討論好交易的特性來展開談判——此次互動你想達成哪些重要任務（當然也要弄清楚對手的重要任務是什麼），像是在買輪胎的例子中，湯瑪斯也許可以透露，早日交貨對他來說很重要，作為回應，經銷商或許會指出，她可以順應湯瑪斯的願望，不過她要求更高的價格來支付額外的成本，雖然湯瑪斯不清楚那些成本的確切規模，他可以詢問對方能接受的價格增加，藉此得到合理的估計，比較她的提案跟他的一天十元的保留價格，他可以確認交貨日期很可能是一項整合式議題。

你收集到的資訊能幫助你選擇直接策略（對手要求，你同意）或是交易策略（對手要求，你提議給他想要的，交換他在另外一項議題上讓步），假設你選擇交易策略，你應該這麼提出來：詢問對手在一致式議題上的偏好，接著同意順應她的偏好，以交換她在另外一項議題上讓步如此一來，對手就無法推斷那項議題是一致式、分配式或是整合式了。

## 打包處理提案

我們取得價值的策略是打包處理你的提案，而不是逐一去協商議題，比如說，湯瑪斯或許可以開價給經銷商，其中詳細說明了價格、地點和交貨日期，這種方法有幾個優點，第一，提出成套的開價，你就開啟了在多項議題之間進行交易的機會；第二，成套提案是招攬還價的有效方法——可由此移向價值創造的交易——不需要透露太多資訊。

相反地，看看這個截然不同策略，常用於集體協商談判：「先搞定簡單的議題！」有人或許覺得這種策略很有吸引力，原因之一是因為能創造出達成協議的動力：一旦你同意了第一項議題，找出方法同意第二項議題似乎就沒那麼困難了；除此之外，你跟對手接二連三達成協議之後，轉身拋下已經實現的成就變得越來越困難：每多一項協議，談判者就可能會認為他們的損失更大，也因此都變得更有決心想要達成共識。

然而，這種先搞定簡單議題的策略有某些重大的缺失，首先因為必須採用逐一解決議題的方法，妨礙了你利用談判中整合潛力的能力，那會需要把多項議題打包一起處理，請記住，在談判中創造價值至少需要有兩項對雙方價值不同的議題。

　　再來，如果你想先解決簡單的問題，最終剩下來就是最困難的議題——而如今你已經沒有東西可以交易了，你剩下能解決這最後難題的選擇，就是透過具爭議的宰制策略——你跟對手都沒剩下什麼能用來交換彼此讓步最後一項議題，誰會贏呢？ 就算你達成交易了，你跟對手如今也是以最具爭議的方式達成交易 —— 一個是贏家，一個是輸家！如果你跟對手還有持續關係的話，顯然這對未來談判不是什麼好兆頭。

　　第三點也是比較不明顯的「先搞定簡單議題」策略，缺點是，那樣假定了你的簡單議題也是對手的簡單議題，要是某項你的相對不重要議題，是對手最重要的議題呢？提早解決這項議題會讓你在談判進展中處於明顯的不利地位，你會失去機會，不能用相對次要的讓步換取對你重要議題上的讓步。

　　率先解決簡單議題的價值是基於一項共同的假設，認定議題對你跟對手而言同樣重要，若是如此，那麼這樣的策略或許有用，能夠積貯承諾與動力、打造協議。但若不是如此，那麼你就冒著降低創造出來價值品質的風險，同樣還有你能取得的價值。

　　打包處理議題比較有可能通往成功的談判，但你是否應該把全部的議題都合起來，一起談判？還是提出多樣的組合給對手，每個有不同的解決方法，但價值對於你來說都差不多？我們在下一節裡面會看到，後面這個方法能夠提供某些重要的戰略優勢。

## 提出多項組合

　　或許你會發現自己置身某種情形之中，對手沒為談判做多少準備，或是表現的每項議題和可能的讓步都像是生死攸關的奮鬥。一項能幫助你們雙方釐清議題在對手眼中是否重要的策略，就是由你設計提出多樣的建議，並且同時把這些建議提出來，不像速食店的菜單，這樣的選項不允許你的對手從不同的組合裡揀選單一方面（比如說，用組合一裡議題一的選項A，加上組合三裡議題二的選項C），而是提供對手在你提出的組合之間挑選，即使你的對手不打算要挑選，讓她把組合排序也很有用，或者最起碼告訴你哪個她最喜歡，哪個最不喜歡。

　　這項策略有幾個真正的好處，首先，要求對手把組合排序，能提供你們雙方這些議題對於彼此相對重要性的資訊，也不會透露太多資訊；第二，提供對手在多樣組合之間選擇的機會，能夠增加她對談判結果的掌控感，這種增加的掌控感能夠強化她對自己選擇的承諾，讓真正的交易執行起來更容易接受。此外，既然這樣的策略比較沒有「不要拉倒」的意味，顯得比較沒那麼敵對，而比較像是解決問題的方法。

　　然而這些好處也得付出代價，提出多種在你看來價值相近的組合時，你也提供了資訊，讓對手能夠測估你對個別議題的評價，因此儘管這樣的策略能夠增進談判中的價值創造面，也限制了你最終能從互動中取得的價值多寡。

　　當然了，這些代價可以用你推論得知對手偏好資訊的好處來抵消掉，記住這一點很重要，不過你也必須了解，沒有哪個策略只有正面潛力——也就是說，沒有任何策略可以幫助你創造價值卻又不會造成價值取得上的附帶問題，反之亦然，很少有價值取得策略不會影響到價值創造的機會，策略談判者的任務，就是要創造出這些策略之間具有效益的平衡，要創造出價值，只要那樣有可能增加最終能夠取得的價值。你採用的各種策略和戰術可能會有的反應。

## 摘要

　　本章探討了談判者的利益與相互依賴關係在談判過程中交會的方式，在談判中策略性思考不只需要你專注在自己的偏好、利益、動機和目標上，也需要你專注在對手的偏好、利益、動機和目標上。

　　要取得並利用資訊，你需要確認你想要實現什麼，接著釐清該怎麼從這兒抵達那裡，也就是說，你要展望未來、往回推論（還記得三方決鬥嗎）。

- 尋找人類行為中其他有系統的一面，比如公平合理很可
  能會影響到你和對手的行為，但是即使得到更多你想要
  的並不取決於公平合理，你仍舊必須考慮這項因素，因
  為這很可能會影響到對手的行為。
- 資訊不對稱是談判者恆常會面對的挑戰，賣方通常比買
  方更清楚知道自己販售的東西，而那樣的資訊通常只有
  在完成交易之後才變得顯而易見，因此，一個應該在開
  價之前提出來的問題是，「如果開價被接受了，我能知道
  什麼？」
- 記住如果各方都知道所有的資訊，那麼談判就變為完全
  分配式的敵對狀態了，在這樣的情形下，價值取得很可
  能會變得比較偏向有力量的那一方——尤其是依照誰有
  比較好的替代方案，誰受過強烈要求更多的訓練，誰比
  較願意轉身離去。

　　此刻，你終於準備好要談判了，你已經決定好保留價格、
建立起渴望，也調查過替代方案了，你已經琢磨過談判中會討
論的議題，釐清了自己的偏好——也很清楚對手的偏好和利益
是什麼，你知道哪些議題是分配式、整合式，哪些又是一致
式的。

　　再來呢？在下一章裡，我們討論到談判者所面臨的第一個

策略問題：

　　你該不該率先開價？

# PART 2

# THE
# NEGOTIATION

## 談判的實戰演練

# CH
## 7

# 誰該先報價？
先開口的人真的就輸了嗎？

　　談判者最常提出的問題之一，就是「誰該先報價？」這是一個重要的問題，因為談判只有在一方提出開價、另一方予以回應的狀況下，才能真心誠意地展開。

　　在某些談判中，你也許會率先開價，在另一些談判中，或許你會得到別人的開價。在你的經驗裡，你先開價和讓別人先開價相比起來，有什麼差別呢？就算你記錄了這兩類交換的結果，談判通常很不一樣，很難把兩樁談判的結果拿來直接比較，不過情況可能是你對其中之一有強烈的偏好。

　　被問到時，高階主管、研究生和大學生（還有他們的父母！），全部都一面倒地相信得到別人先開價能為自己帶來競爭優勢，確實有百分之八十談判工作坊的參與者，偏好得到別人先開價而不是自己先開價，問他們為什麼，典型的回答是先開價就透露了資訊，讓對方佔得資訊優勢。

　　讓對方先開價當然提供了你與議題相關的資訊，以及那些吸引對手議題的處境為何，如今你有了起點，擁有這樣的資訊優勢，能讓你深入瞭解自己想要如何回應，想想為了新職位的薪資協商，如果你等著潛在雇主開價，結果比你渴望的高出許多，這樣的結果多棒啊！你得到比期望中高出許多的開價，並且這還只不過是談判的開始而已！重點在於，有可能別人對你潛在貢獻的評價，遠遠高於你自己的評價，雇主也許會說，「要怎麼樣你才肯來？」如果你先開價，你或許會說出一個相對而言比較低的數字──你很可能會得到，就這樣安於一個比你本來可能拿到低得多的數字！

　　再來，透過率先開價，你讓對手能夠確認一致式議題——也因此讓他們在談判中有了優勢，比如說，湯瑪斯要求在他辦公室附近的地點安裝輪胎，這會讓經銷商警覺到，她湊巧也偏好那個地點，所以地點是一致式議題，她可以乾脆地答應，也可以有策略地利用這項資訊，要求另外一項議題上的讓步，以交換她同意湯瑪斯偏好的地點。

　　我們有些學生提出建議，認為湯瑪斯最好別再首度開價時就提出自己偏好的地點，這樣才能阻絕經銷商確認地點是一致式議題的機會，但是這個建議隱含的假設是，湯瑪斯知道地點是一致式議題，如果他不知道，他為了誤導對方而提出的地點，事實上也許正是經銷商青睞的地點——她一定會接受。

　　率先開價的風險不小，所以或許百分之八十想要對方先開價的人有其道理。看看瑪格里特買新房子的經驗，她的房屋仲介（她花了不少時間跟她一起參觀有潛力的房地產）主動提出建議，說「先開口的人就輸了」，瑪格里特有點驚訝她說的這麼斬釘截鐵，問房仲是怎麼得到這個結論的，她看看瑪格里特，對她的問題感到很訝異，她說「每個人都知道先開價是壞事」。

　　在開往下一處房地產的漫漫途中，瑪格里特思考著房仲的話，她是一名成功的房屋仲介，該行業是由賣方列出自己待售的房子，訂出要價，實際上就是他們率先開價，如果先開價這麼糟糕，為什麼賣方要開價，而不是乾脆廣告說自己要賣房子，願意考慮買方的開價？[1]事實上，根據房地產經紀人表示，售價通常介於所開出要價的百分之九十五到百分之九十七之間[2]。

　　相反地，科學文獻指出，率先開價通常是有利的，因此顯然大部份人的直覺（「讓對方先開價比自己先開價好」）與學術建議有些脫節，我們接下來會討論到，做決定其實很微妙，不只是總是先開價或是絕不先開價那樣而已。

　　先開價最有影響力的一點是能創造定錨，就像實體的錨一樣能創造拉力，談判中率先開價能為談判訂下起點，設立議程和出發點來評估議題、分配好處，有經驗的談判者會預期首次開價很極端：開價方的要求會多於他的合理期待，如此一來，對手收到你的首次開價時，會理性地打個折扣，如果你的房子開價一百五十萬，潛在買家會預期你願意接受低於一百五十萬的價格，不過當然了，潛在買家並不知道你願意接受的折扣有多大。

　　在理性行為者的世界裡，潛在買家的折扣（或者通常稱為調整）平均來說，抵消了賣家的灌水，也抵消了定錨的效果，不過在心理層面上卻是截然不同的一件事情，因為你不確定目標物「真正」的價值。

　　為了應對這種不確定感，談判者會找尋線索，評估考量中議題的價值——明顯的基準點就是他們剛得到的（首次）開價，由於當作基準點來參考，他們就會受到那個開價的影響，由基準點開始，他們根據各種因素調整自己的評估，比如他們知道對手的開價必定是為了自己的最大利益，還有該線索的可信度及察覺出來的判別價值，藉此得出自己對價值的估計值。

定錨的效力與資訊的品質比較沒有關係，而與接受的一方有多看重那則資訊有關，事實上，即使是隨意挑選的基準點或定錨，也會影響到價值估計[3]，你為了遠離這些而做出的調整就不夠了。

最早也最令人印象深刻的定錨影響力實證之一，大概是由兩位心理學家阿莫斯‧特沃斯基（Amos Tversky）與丹尼爾‧卡納曼（Daniel Kahneman）所進行的[4]，你知道卡納曼的名字可能是因為他是2002年的諾貝爾經濟學獎得主，也是最近《快思慢想》一書的作者。

在一項早期的實驗中，特沃斯基和卡納曼請參與者評估聯合國裡非洲國家所佔的比例，每個人都拿到一個由數字轉盤隨機決定的起點值，接著他們必須決定由轉盤產生的這個數字，究竟是高於還是低於他們所認為的聯合國中非洲國家的正確百分比，然後做出最好的估計值。

即使參與者很清楚知道他們的起點值是隨機過程的結果（輪盤差不多就是在他們面前轉的），他們最終的估計還是會被轉出來的數字所影響，雖然輪盤看似從一到一百之間隨機產生數字，實際上卻經過操控，只會停在十到六十五之間，令人訝異的結果在此：聯合國裡非洲國家所佔的比例的預估中間值，在那些看到輪盤停在十的人之間是二十五，在那些看到輪盤停在六十五之間的人則是四十五。

　　這些隨機數字是如何影響到參與者對聯合國裡非洲國家比例的估計？顯然沒有什麼合乎邏輯的理由，讓人該去期待轉盤產生的數字會與聯合國中非洲國家的實際數目有關──因此那資訊不可能有用，也不可能用來識別實際數目，所以參與者不太可能真的相信輪盤產生的隨機數字，跟非洲國家在聯合國中所佔的百分比有任何關聯──然而實驗的參與者在回答實驗問題時，卻顯然受了這個定錨的影響；除此之外，就算研究者提出會根據準確度來支付參與者，定錨仍然對他們的估計值有顯著的影響。

　　所以如果這麼明顯不具識別力的定錨都能產生影響了，想想看似對真正價值具有識別力的定錨，會有多大的影響力。瑪格里特探討過這個問題，她與同事葛雷格萊・諾斯克夫特（Gregory Northcraft）合著研究，當時兩人都任教於亞利桑那大學[5]，他們兩個說服了一名亞利桑那州土桑市的房地產仲介，幫他們找到一間即將出售的房子，接著他們得到屋主的許可，用那間房子做實驗，並且找了一批房地產仲介當作焦點團體。他們詢問需要哪種資訊，仲介才能評估一間住宅的價值，此外，他們問焦點團體有多擅長估計住宅實際價值與估定價值，儘管他們用不同的話來描述自己的專長，仲介說他們評估的房地產價值與實際價值相差約在百分之五以內。

　　接著瑪格里特和葛雷格萊拿著焦點團體的結果，為那間住宅製作了一份十頁的房屋資訊包，第一頁複製了即將上市房屋的標準聯賣資訊網（Multiple Listing Service，MLS）表單，其餘九頁包括了一份MLS對於全城和那間住宅附近，過去半年以來的住宅房產銷售摘要，資訊包括上市價格、坪數、同區其他銷售中房屋的特性、已完成交易房屋的特性、已售出但尚未交屋房屋的特性、先前上市但未售出已下架房屋的特性，接著是MLS所列出鄰區最近銷售中的房屋資料表。

然後他們製作出四個不同的組合，每個組合都有同樣後面九頁，第一頁——MLS的資料表則有一項主要的差異：上市價格。房地產焦點團體表示他們可以在實際價值誤差百分之五以內評估出房產的價值，利用三位獨立估價師的評價，他們製作出一份MLS表單，所列出來的上市價格比估計價值分別比高百分之十二、高百分之四、低百分之四、低百分之十二。

如果焦點團體是對的，他們就沒辦法區分出那些要價比估計價值高出或低了百分之四的「房屋」，不過他們應該可以清楚地知道哪些要房屋要價比平均估價高出百分之十二是高估了，而哪些要價低了百分之十二是低估了。

房子本身列入了房地產經紀人的每週地產之旅中，代理就像平常瀏覽剛上市的房產一樣去看房子，到了以後，他們拿到四份組合的其中之一，接著他們被要求評估這間房子的價值，包括上市價格、如果他們是賣方會開價多少、如果他們是買方最多願意付多少、還有最後如果他們是賣方的話，願意接受的最低價格是多少。他們也被要求描述自己是如何得出這四個數字，確認評估時的重要考量。

　　所以這些代理是怎麼評估房子的價值呢？圖7.1說明了本項研究的結果，如你在圖中所見，上市價格對於代理評估的價格影響重大，要價越高，代理估計的房地產價值也就越高。

　　圖7.1說明了代理號稱自己會做的與他們實際所做的，兩者

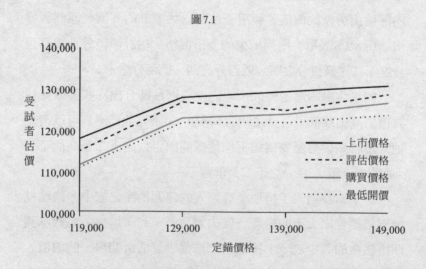

圖7.1

*根據諾斯克夫特與妮爾〈專家、業餘、房地產：房地產價格決定一切之定錨調整觀點〉一文，收錄在《組織行為與人類決策過程》第三十九期（1986）：228-241。

之間有明顯的差異，結果顯示上市價格對與房產估價非常有影響力，但只有百分之十九的代理提到上市價格是他們考慮的因素之一，事實上，有略少於百分之七十五的房地產代理，把他們的評價決定描述成計算過程，說他們考慮了最近每坪房屋的平均售價，再把那個數字乘以這間房屋的坪數，接著再依照這間房屋獨特性及條件來調整，你應該注意的是，如果他們真的用了這樣的策略，任意變化的上市價格應該對他們的估價沒有影響，但是由於上市價格是這四份資料包裡唯一的不同之處，瑪格里特和葛雷格萊所觀察到的差異必定來自於上市價格的影響！

不過即使明確問到上市價格，焦點團體裡的大部分人都表明，他們沒有去留意，畢竟，上市價格是怎麼決定的？如果選定了某個特定的房地產代理，潛在賣家可以找幾位成功的代理，請他們分別評估他手上的房產，代理也會跟潛在賣家討論許多問題（該代理特有的銷售策略、當地的房地產赤場狀況、房屋公開之前應該整理改進的地方等等），最有可能吸引賣方注意的一件事情，就是競爭的代理認為房屋該用多少價格上市。如果代理有好幾位，潛在賣家或許會偏好開價最高的那一位，因此顯然代理有誇大上市價格的動機，反過來說，房地產經紀人應該忽略上市價格，這似乎完全合理，然而正如結果所顯示，很遺憾地他們沒能成功做到這一點，物件越是主觀跟不確定，定錨的影響力就越大[6]，這些可是受過訓練的專業人員啊！

這一點也許讓你很驚訝，事實證明，業餘人士跟專家所受到定錨上市價格影響沒有差別，唯一的不同之處在於，專家會宣稱他們有非常明確的計算策略，而業餘人士則會坦承他們是看上市價格，再根據房產的狀況降低自己的估價，因此，專家說自己所做之事，並不是他們實際上在做的，他們或許不會像業餘者那樣開門見山地去考慮上市價格，但是對他們來說，定錨效果就跟對業餘者來說一樣有影響力！

　　為什麼首次開價有如此重大的影響力呢？一個重要的原因是，他們把接受方的注意力集中在保留價格上，而發布方的注意力則集中在渴望價格上。為了瞭解這樣的影響，想一想，你的首次開價應該是你對這樁談判所能達到成果的樂觀估計（也就是你的渴望），因此你首次開價時，你會著重在結果的渴望層面；與此同時，這樣的首度開價會讓你的對手把注意力集中在自己的保留價格上，事實上，如果你的開價低於他的保留價格，他也許會想方設法，讓自己能夠達到符合保留價格的程度，這樣才有可能達成協議。於是藉由率先開價，你充分利用了對手想要達成協議的強烈慾望，讓對方專注在他的保留價格上，同時自己專注在渴望價格上，你保持著自己對樂觀成果的期望，並且巧妙地讓對手把注意力擺在獲得保留價格上[7]。

　　然而定錨效應在有所準備的接受方身上效果比較不顯著，主要是因為謹慎籌劃會創造出替代定錨，比如渴望，的確，籌劃準備的正面效果會增強，如果接受方把注意力擺在渴望上。

　　但有趣的是，籌劃準備對於率先開價的一方也有用，能幫助他們維持集中力在渴望上，回想一下第二章，你的渴望會影響你的期望，會引導你的注意力，抵銷對手首次開價的力道，擁有樂觀的渴望或是富挑戰性的目標，能夠增進你的能力，達成更好的談判結果[8]。

為了讓效果充分增加，準備談判時，太過著重於替代方案可能會讓你成為低成就者！以替代方案當作標準去衡量是否能夠接受結果，這成了你達成目標的安全網，也會讓你有系統地在談判中表現不佳。把你的渴望牢記在心，從另一方面來看，也能提供額外的心理優勢，幫助你在談判中取得更多價值。

## 設計首次開價

讓我們暫且假設你決定要率先開價，比較有效的首次開價有哪些特點？首先，你大概會想率先開個價格，設下對自己越有利越好的定錨，如果沒有立刻被接收方駁回的話，這表示你想儘量開出一個有野心的首次開價，「簡直是瘋了」[9]，不過雖然這個描述很生動，這則指示當然幾乎沒有可行性。

提出了簡直是瘋了的首次開價，你的報價也得能讓對手去考慮，而不是立刻就打回票，所以雖然通常你不期望對手會接受你的首次開價，你還是希望他們認真考慮一下，而不是立刻走人。

　　具挑戰之處在於，你的對手是否會認為你瘋了，取決於幾項因素，比如文化期待（多極端才算的上是極端？）、對手的準備程度、你開價的正當理由，還有出乎意料的──你的開價有多「籠統」或「確切」。

　　怎樣才算是極端開價，不同文化之間的差異很大，出國旅行時，你有機會可以第一手觀察極端的不同定義，比如說，我們在伊斯坦堡觀察到地毯賣家的首次開價跟還價，跟蘇黎世同等的類似地毯賣家的開價跟還價就很不一樣（即使兩個賣家都是土耳其血統）。

　　不過文化可不是只有在你跨越國界的時候才會改變，即使在同一個國家或區域，甚至是同一個地區內的不同組織，文化影響也可能會有顯著的不同，團體或部門的文化就算在同一個組織內，也可能有極大的差異，想像一下某高科技公司工程師和業務之間的談判，他們所認為的「簡直是瘋了」會有什麼不同。

　　再來，定錨的效應也取決於議題價值的不確定性，價值越是不確定、越是模稜兩可，定錨就越有影響力，議題也許或多或少都有些模稜兩可，因為固有的不確定性和缺乏可預測性，但是這種不確定性更有可能是源自於缺乏準備，你越是沒有為談判做準備，首次開價對你判斷怎樣才算合理的影響就越大。

　　第三，表達方式很重要，首次開價、還價，或者是一般的要求，如果能佐以解釋或正當理由，會更有影響力，社會心理學的經典研究很清楚地證明了這一點，舉例來說，大家在排隊時比較願意讓別人「插隊」，如果對方能夠提出正當的理由（「我趕時間！」）。有趣的是，理由的品質並不重要，重要的是要給個理由就好，不過如果你要替自己的開價提出正當理由，理由越客觀越能成為有力的定錨，比如說，你想協商機場安檢排隊的人讓你往前移動，「我趕時間，因為我快錯過飛機了」，會比光說「我趕時間」來得有用[10]。

第四，定錨越顯得相關，對接收方就越有影響力[11]。例如研究者問大家，「伏特加的冰點是不是攝氏零度？」接著要求大家確認伏特加的冰點，我們大部分人會把攝氏零度這個定錨當作特徵，因為攝氏零度是水的冰點，所以就很像我們會被房屋的上市價格影響，在試圖弄清楚伏特加的冰點時，比起「陽曆每個月是否平均有三十天？」這樣的問題，我們也比較容易受到這個定錨的影響。

定錨效果的影響最令人驚訝的一面，大概就是首度開價的數字格式──也就是有多籠統或者是看似不太確切──這很明顯地影響了資訊接收者如何看待開價，以及對於最終結果有多少影響。研究發現，大部份（看起來）越是確切的開價，就越能鎖定目標，越是「籠統」的開價，就越沒有影響力──接收方更會做出調整，遠離定錨[12]。這表示確切的開價會比不確切的更有定錨力量（但同樣準確──還記得高中數學課裡討論到過的，確切與準確的差別嗎？）比如事實證明，如果上市價格是確切（一百四十二萬三千五百塊）而不籠統（一百五十萬），房屋就能以更高的價格出售，即使那個籠統的數字還大於「看似」確切的數字！

　　所以，是什麼讓定錨如此有力？定錨影響了價值評估，因為談判者鮮少處於擁有完善資訊的情況下，對於交易本身或是對手的替代方案和渴望都一樣。在嘗試評估一樁交易可能的達成協議之點時，談判者會找尋線索，提供有關對手利益及偏好的資訊，定錨能提供那樣的觀點，更重要的是，定錨的力量在於影響談判者價值判斷的微妙能力，你對談判越是毫無準備，定錨就對你認為什麼才算合理越有影響力，定錨顯得越客觀，看起來就是越合理的起點，而首次開價越是客觀確切，你就越容易接受認可。

## 你率先開價了：然後呢？

　　你剛剛向對手提出了首次開價，現在該怎麼辦？至少有三種可能性：對手可能會（1）接受你的首次開價，談判結束；（2）就此走人，說等你有更合理的開價再說吧；（3）還價。

　　從全然理性的角度來看，你可能會認為（1）是更好的結果，畢竟你先開價，也得到你想要的了，然而正如我們在第二章裡所討論的，這在經濟學上也許成立（雖然這告訴你的是，對方對該項目的評價高於你的預期），但在心理學上卻並非如此：

對手接受你的首次開價，幾乎可以保證你會覺得比較不滿意，比起他們跟你談判之後得到的結果——即使那是個對你來說比較差的結果。你首次開價時，並沒有期望對方會乾脆地接受，因為據你評估，那是個極端且片面的結果，所以要是開價被接受了，就該質疑你的基本假設——首次開價是極端而且片面的。

的確，研究顯示如果首次開價就被接受，談判者會更不滿意，即使就算在好幾輪的討價還價之後達成協議也得到同樣的結果[13]。

另一方面來說，如果你的對手選擇了（2），說她根本懶得還價就走人了，那麼事情很清楚，你已經一腳踏入瘋狂之地了，這讓你的處境很困難：沒人還價，唯一能繼續談判的方法就是你單方面讓步，你必須另行開價——並且這個開價可能得比你的首次開價讓步很多，做出這樣單方面的讓步，你讓對手知道達成協議對你來說有多重要：你不願意讓她一走了之。

到那時候，你已經失去了談判中的重大力量，你做出不相配的讓步，基本上是在獎勵對手不跟你談判！你首次開價，她轉身離去，你就讓步了，現在你的對手更不可能讓步了，她合理的做法是堅持下去，繼續走遠，看看到底你能讓步多少。

有個替代方案是找夥伴介入談判取代你，因為你讓步了，事情變得很清楚，你不願意放棄這椿談判，如果還想得到合理的交易，就需要其他人來接手，最好是個不會讓對手聯想到你的人，這個人可以重新建立起他自己離去的意願，不過你已經玩完了。

　　因此踏入瘋狂之地是一件應該避免的事情──就像開價太低，你不希望首次開價就被接受，也不希望對手走人，終止談判，恰好相反，你想要的是對手還價，所以最好的首次開價，就是對手能夠認真考慮的最極端開價，一旦他們提出還價，你就達到了首次開價的目的：你用開價替對手定錨，而他們以還價作為回應，建立起一個介於兩點之間的範圍，界定了某個特定談判的比賽場地。

　　現在來看看大部份人認為比較好的選擇：得到對方首次開價。何時得到對方首次開價會是好事？得到對方首次開價到底為何如此吸引談判者？

## 何時該等待首次開價

　　收到對方首次開價讓你佔了策略優勢，此次開價所傳達出資訊的潛在價值，更勝過率先開價的定錨效應價值，這會發生在對手準備不足──而你準備充分的時候。

　　如果你的談判對手不能有系統地去籌劃準備，不了解自己或是你的看法，她也許會錯估自己想要的，這樣的錯誤或許會有利於你。沒準備的對手也有可能在首次開價時透露出太多資訊，讓你洞察她所認定的極端起點是什麼，因為你有充分的準備，你可以知道她對議題的評價，同時又能保持相對不受到首次開價定錨效應的影響。

考慮有某樁談判，你有信心你所知道的獨特秘密資訊，是你的對手所不知道的，如果是買畫，那幅畫的價值對於尋常買家跟藝術收藏家來說，可能很不一樣，身為個人收藏家，某幅畫的價值可能取決於你對藝術家的知識、你個人收藏的狀況，以及你與這項藝術品之間獨一無二的特定互動等等其他因素，所以互動中有可能得到的價值對你起了作用，另一位藝術收藏家也許對同樣一件藝術品的評價會很不同；相反地，如果你只是個一般買家，你所提出觀點中的獨特因素，也許會跟對手提出來的相差不多（你談錢，對手談到藝術品）。

讓我們從藝術品買賣的世界轉到比較平凡的跳蚤市場場景。週六下午，你漫步在跳蚤市場閒逛著——想找一些有趣的東西，你經過一個小販售亭，注意到有一張用水泥砌成的大工作桌出售中，雖然非常不起眼，卻吸引了你的目光，賣家在工作桌一角黏了幾塊有趣的磁磚，想讓桌子更有吸引力，正是這些磁磚引起了你的注意，結果證明，這些磁磚是格利拜製作的——著名的工藝匠師，由於那樣的情境（跳蚤市場、水泥桌子），你做出結論，賣家很可能不知道那些裝飾磁磚的來源。

因此，在這種情況下，你該不該先開價？是定錨效應還是資訊影響會佔上風？既然你認出了格利拜磁磚的價值，這樣的知識可能會引導你開出高很多的價格，遠比你那不知道起源的對手所預期的還要高，如果你提出一個比賣家預期高太多的價格，你可能會讓他起疑，要不是認為你心理有問題（「這裡有個超好騙的傢伙」），就是更重要的，你到底知道什麼才會開出這麼高的價格要買他的磁磚，不論是哪一個，他都很有可能會想辦法讓你儘量多付一點，比他計畫中的還多上許多，就因為你率先開出的價格。你應該做些什麼？答案是：讓他先開價，用那個開價來評估他知道多少，如果他先開價，透露出他對那些磁磚一無所知，那麼你就可以在他首次開價定出來的範圍之內談判，如果你能成功達成協議，那麼賣家會很高興他賣掉工作桌了，你也會很高興自己買到了罕見的格利拜磁磚，現在你只要想辦法把這張水泥桌子搬回家，再把磁磚弄下來就行了！

　　同樣地，如果在談判時，你確實認為對手評價議題的測度跟你非常不一樣，那麼你應該慫恿他們先開價。如果你真的認為潛在雇主開出來的條件，會比你現在的待遇高出許多，你不會希望用你現在的薪資去引導她，因為那很可能表示你願意接受比較差的開價，所以如果你真心相信對手重視你的能力更勝於你現在的待遇所反映出來的，就先看看她怎麼說吧。

　　最後，你或許會選擇讓對方先開價，如果你很不確定對手對那項物件的評價，比如說，假設你知道對手的保留價格不是十元就是一千元──但你不知道是哪一個，如果要你先開價，你的風險不是開價太高，就是讓她轉身離去，因此，讓她先開價，你就可以推測出她的開價是高還是低。

當然了，讓對方率先開價，你會讓自己受制於對方開價的定錨效應，不過你的見識越廣，首次開價對你的引導影響力就越小 [14]，你對談判議題知道得越多，就能更確定你想要什麼，以及你重視什麼，你越是確定，你評估出來的價值就越不容易被首次開價給動搖，你越有準備，比起對手來，你就更能夠抵抗定錨效應，也更有潛力能善用對手率先開價中的出乎意料資訊，不過別混淆了：不論你有多萬全的準備，你還是會受到對手率先開價的影響，這不是有沒有可能的問題，而是程度多少的問題。

## 底線：誰該先開價？

所以讓我們回到原來的問題吧——你該不該先開價？有時候你會想讓別人先開價，有時候你先開價會比較好，最近的研究能幫助我們區分在不同的情況下，哪個會比較合適。研究者近來研究了不同文化中率先開價的影響，分別在談判者能力不同、談判單一議題（比如價格），或是談判多項包括分配式、整合式和一致式議題的時候，在全部的情況下，先開價的談判者表現都比較好，進一步分析資料顯示，劃分分配式議題（像是價格）的時候，先開價最有效，不過先開價不會影響到整合式或是一致式議題的相對結果。

　　為了幫助你做決定，讓我們看看如果你在一致式議題上先開價，會發生什麼事情。首先假設雙方都沒有發現這項議題是一致式的，接收方可以利用這項資訊，選擇採取接受極端開價的交易策略（當然其實一點都不極端，因為是一致式議題），用以交換對方在另外一項議題上讓步，又或者她可以選擇直接策略，接受對手對一致式議題的開價，這可能會得到善意，無論是哪一個方法，接收開價的人有選擇權。

　　現在假設談判雙方所知的資訊不對等，資訊比較充足的那一方知道（或者是懷疑）有些談判議題其實是一致式的，那麼選擇要不要先開價，就取決於權衡放棄設下定錨好處的相對影響，以及知道哪個議題是一致式的，並且得以比較，選擇要用交易策略或是直接策略去應對。

　　正如這個例子所顯示的，資訊與籌備是談判中的關鍵，所以為了決定哪個策略對你比較有利——要自己先開價還是讓對方先開價——你必須評估自己與對方的相對準備，為了助你一臂之力，我們把你的選項整理成表格，一共有十六種不同的可能性，你為了自身利益做了多少準備（高或低）？關於對手的利益你又做了多少準備（高或低）？他們對自己想要的可能做了多少準備（高或低）？關於你的利益又有多少洞見（高或低）？比如說，你可能很清楚自己的利益為何，但是不清楚對手的利益所在，也或者你對雙方都很了解或者都不了解。針對這十六種可能性，我們分別提出了建議。

表7.1 你應該先開價還是對方先開價？

| | | | 你的談判因素資訊 | | | |
| --- | --- | --- | --- | --- | --- | --- |
| | | | 低 | | 高 | |
| | | | 你關於對手談判因素的資訊 | | | |
| | | | 低 | 高 | 低 | 高 |
| 對手的談判因素 | 低 | 對手關於你的談判因素資訊　低 | | | 可以接受（開價也不錯） | 接受 |
| | | 對手關於你的談判因素資訊　高 | | | 開價 | 開價 |
| | 高 | 對手關於你的談判因素資訊　低 | | | 開價 | 開價 |
| | | 對手關於你的談判因素資訊　高 | | | 開價 | 開價 |

　　請看一下表7.1，為了更易於理解，我們把顯示你對自己利益與偏好沒有準備的那些欄位塗黑了，能夠把這本書讀到這裡，這根本就是不可能的選項！更重要的是去考慮灰色跟白色欄位的可能性。在灰色區域，你應該謹慎行事，你還沒有從對手的觀點來分析過談判，有些可能性反映出雙方都一無所知——你們都不知道對方的利益所在；白色可能性則反映出你的準備中

最有效的部分，你很清楚自己跟對手，某些情況中，你的對手知道的不少，另外一些情況下比較少一點，你清楚自己的利益，對手也很清楚他們的利益，但是你們都不太了解對方。

　　可能會讓你很驚訝的是竟然一面倒地出現「你先開價」的建議：有百分之七十五的建議是「你先開價」，相較於我們的調查發現，有百分之八十的談判者比較喜歡讓對方先開價，起碼你得比你本來的意願更積極、更主動地率先提出開價，但更重要的是，記住這不是個簡單的二分法問題，要得到更多你想要的，你必須分析情勢、你的行為還有對手的行為，為自己決定最佳的行動方針，有時候這需要你開個好價，有時候則需要你耐心等候。

## 摘要

　　誰曉得釐清何時應該先開價竟然會這麼複雜？在這裡我們試著把本章的教訓濃縮為最重要的幾點，總而言之，你應該考慮下列幾點，來決定該怎麼展開談判：

- 分析情勢，確認定錨效應或是資訊不對等的影響比較大，如果情況不明、模稜兩可或是旗鼓相當，就可以考慮率先開價。
- 定錨有其作用，即使在談判者很清楚議題價值的時候也一樣，只不過在接收方所知不確切時會更有效。

- 開價應該儘量極端一點，但仍然要讓對手能夠回應─ 除非你想要進行拍賣，我們在第十三章裡面會討論到那樣的例外。
- 首次開價包含的數字應該要顯得確切而不籠統（即使客觀上來說，這樣的精準並不存在）。
- 開價應該要伴隨著依據或解釋的理由，依據或理由看起來越客觀，開價就越有影響力。

# CH
# 8

## 管理談判
### 補充驗證你（認為）所知道的

　　你已經完成了談判前的計畫，做出要不要先開價的決定，現在你已經準備好可以開始談判了，不過除非你的情況很不尋常，你所知道的仍然會有落差，比如說，你關於談判各方面議題以及其價值的知識，尤其是從對手的角度來看，很可能是不完整的，所以你呢──就像所有老練的談判者──應該把談判視為機會，可以擴展並且驗證你在籌備談判時所知道的一切。

　　為了善用談判中的資訊交換，你應該準備一張清單，列出你還不清楚而想要確認的項目，雖然收集資訊最理想的時間是在籌備階段，有些資訊就是沒辦法在談判之前取得，此外有些資訊也許能夠事先獲得，但是卻不夠確切，儘管準備一定不夠完整，卻很少有人把談判本身當作更新資訊的機會，尤其是去修正有關對手的知識──增進他們對潛在解決方案的評估。

　　不過談判者面臨一項挑戰：準備談判時，你總是會根據一連串的假設來做準備──假設你和對手的利益與議題，假設這些對你們來說的價值。在第一章裡，你看到了期望對於推動行為的力量，你會透過你的假設來篩選評估你所發現或得到的資訊，舉例來說，認為對手願意合作的談判者，更有可能去詢問對手合作的意願，而認為對手一心求勝的人，則會提出與對手競爭意圖有關的問題。

　　不過假設終究只是假設，必要的話，你應該去測試更新資訊，而談判提供了一個真正的機會，能夠讓你這麼做，但是這個方法也帶來了真正的危險，由你達成協議的渴望所助長，可能會鼓勵你濫用或是忽略你得到的資訊——比如說,調整你的保留價格,只為了更容易達成交易。

　　利用談判時手邊資訊的第一步,就是正確定調—以及正確的期望——為你自己也為對手,定調應該著重在資訊交換,而不是誰能得到什麼,我們建議你利用談判的第一階段,去確認你跟對手想要實現的是什麼,包括好交易在彼此眼中有哪些特性,你跟對手又要如何知道雙方都找到那樣的交易了。雖然在第一階段毫無疑問地,會發現你跟對手利益不同的議題(例如買方想要儘量壓低價格,賣方想要儘量提高價格),重要的是強調共同利益所在(例如某個買方跟賣方都能接受的價格、建立起持續的關係等等),找出並且強調那些共同的利益,你就把談判定位為一種方法,能解決那個讓你們雙方展開談判的問題,你可以創造出更像是合作的情境,抵抗敵對關係的假設,促進談判中的資訊共享。

　　重新架構成更像是合作的互動,把談判詮釋為敵對的潛力減到最低,讓你跟對手能透過不同的看法來評估彼此的行為。想想固定價值的觀點對你評估對方的提案會有什麼影響,如果你認定談判全然是敵對的,那麼不管對手提出什麼方案,一定都對你不利(反過來也一樣),結果就是,你對某提案的評價比較低,就只因為那是對手提出來的,這種效應稱為反射性貶值[2]。

　　有項實驗說明了反射性貶值:參與者(全部都是美國居民)隨機分為三組,每一組都被問到是否支持激進的雙邊核武削減計畫。第一組的參與者被告知提案出自雷根總統,有百分之九十的人認為這有利於美國或是利益持平;第二組的參與者被告知同樣的提案出自一群身份不明的政治分析家,有百分之八十的人認為這有利於美國或是利益持平;第二組的參與者被告知同樣的提案出自戈巴契夫,只有百分之四十四的人認為這個一模一樣的提案有利於美國或是利益持平。三組看到的是同樣的提案,唯一的差別就在於參與者認為提案人不同:美國、中立方、冷戰敵人,這些資訊對於參與者看到提案的方式產生了重大的影響。

　　談判開始階段的第二步,就是確認對你重要的議題,還有對手認為重要的議題,當然過程需要彼此互惠,也就是說,你得分享哪些對你重要,也要找出哪些對手覺得重要,但是要審慎:所有的資訊並非都有同樣的策略重要性,互惠是雙行道,分享資訊,但也得要求你的對手照辦,從比較廣泛的資訊開始分享,像是確認議題,再去交換更為精細(也更具策略性)的資訊,像是資訊的重要程度排序,我們建議你不要分享最具策略性的資訊,比如議題的特定價值,或是如果變得有必要的話,保留到過程(如果有的話)最後,等你快要完成談判時再說。

　　即使你試著去補充驗證你所發現的對手偏好,你的資訊搜尋很可能會因為你的期望而帶有偏見,這樣一來,你的結論很可能會跟你的期望一致,即使這些期望並沒有反映出對手真正的偏好,不過,反射性貶值並不是唯一會影響到談判者的資訊篩選標準。

　　談判者常常沒能去利用隨著談判進展可以輕易推斷出來的資訊，因而忽略了可以不著痕跡評估對手偏好和和信念的方法，本章接下來就會討論到，該如何獲得資訊，從對手讓步的方式、關係眼界的影響（長期或短期）、名聲、議價歷史之中，注意談判裡的這幾方面，能增加你的成效，補充驗證你事先收集的資訊，在下一節裡面，我們考慮了額外的資訊來源，還有可能會影響你詮釋對手的行為，以及他們可能會怎麼詮釋你行為的篩選標準。

## 讓步的方式

　　一項能用來評估談判進展的重要指標，就是對手的讓步行為，他們從這個提案到另一個提案讓步了多少？是在談判早期還是晚期讓步？對手怎麼解釋他們的讓步？這些都是隨著談判展開可以獲得的資訊來源，這些洩露內情的行為會影響你評估對手對於考慮中議題或項目的評價，也會影響對手對於你跟結果的滿意度。[3]

　　想買馬的時候，瑪格里特很留心地呈現出這些「內情」，她跟素有誠實交易名聲的養馬人談過，看看他們有沒有適合她的馬──要適合她的騎馬能力，還有馬匹的牧牛潛力。其中一人是她相識多年的朋友，告訴她說，他知道有人有一匹很棒的馬要出售，瑪格里特聯絡賣家以評估馬匹：她先是觀察馬主騎那匹馬，接著她自己騎看看，最後她讓獸醫檢查馬匹是否健全，現在她準備好要討論買賣了。為了說明讓步的方式和時機，我們假設談判本身只與價格有關，賣方開價一萬一千元，而根據收集到的資訊，她還價九千元。

　　如果你是瑪格里特，如果賣方立刻接受了你的開價（也就是單方面讓步兩千元），你對馬匹價值的評估會不會不一樣？如果賣方漸進地在價值上讓步，四個回合之後才終於停在瑪格里特的開價九千元，你對馬匹價值的評估會不會不一樣？又或者賣方態度強硬，絲毫不肯讓步，等到瑪格里特快走人的時候，才讓步同意瑪格里特的九千元開價，你又會怎麼評估馬匹的價值？

　　注意在這三個情形中，開價是一萬一千元，而最後價格是九千元，因此如果只著重在最後結果，這三個情形在經濟上來說並沒有差別，所以從全然理性的角度來看（也就是湯瑪斯的觀點），瑪格里特不該在乎她是如何得到她想付的價格，然而很有可能的是，瑪格里特（甚至就連湯瑪斯也是）會對第二種情形下的買賣跟新馬匹價值評估滿意的多，也就是逐漸讓步，比起第三種情形的強硬態度，而第三種情形比起第一種情形的快速協議，又會比較令人滿意。

　　在第一種情形下，瑪格里特很可能會認為馬匹的價值比她原來所想的還低，把賣方的讓步詮釋為某種暗示，他知道馬匹不值錢，也許有什麼不對勁她沒有發現？在第二種情形下，她很可能會比較滿意自己對馬匹價值的評估，也比較滿意與賣方的互動，認為讓步顯示出賣方想把馬匹賣掉（而不是馬匹不值錢）；在第三種情形下，她很可能會認為馬匹值更多錢，不過對賣方的行為也會比較不滿意，或許不想再跟他談判，也不會把這個賣家介紹給其他有馬匹的朋友（我們會再回到這項議題，等到討論對未來互動期待對談判者行為的影響時）。

賣方可以進一步提升瑪格里特的滿意度，解釋自己為何讓步降價到九千元，比如說，他可以透露在本週內完成交易對他很重要，因為他兒子要交大學學費了，注意從瑪格里特的角度來看，這個解釋提供了讓步的可信理由，跟馬匹沒什麼關係，而是跟賣方的財務狀況有關，如此一來，比起認為可能是因為馬匹不如她所想的那麼值錢，她更能夠接受賣方迅速讓步。這樣的解釋也能降低她感受到買家懊悔的可能性：就是購物者在完成交易後的主觀負面經驗，認為自己可能買貴了，重新考慮起自己該不該買這樣東西。

讓步的價值也會視讓步的時機而有所改變，想想你有多願意用兩萬元的優惠，來交換賣房子時更有利的截止日期。研究顯示，賣家讓步的意願，在已經超越房屋成本基礎時比較高，如果能超越美國政府提供的五十萬免稅額則會更高（假設你已婚並且共同申報）[4]。

請注意，第一項基準並沒有經濟上的正當理由：你讓步的每一塊錢都需要一塊錢的成本，不論有沒有超過成本基礎都一樣。購買價格是沈沒成本，因此從理性的角度看來毫不相關，第一項基準全然是心理上的，不過一旦超越成本基礎達到五十萬元，那麼每多讓步一塊錢的成本就變成 0.75 元（假設資本利得稅跟州稅總共佔百分之二十五）──很明確的經濟影響。

如果更有利的截止日期對你來說至少價值一萬五千元（或許因為這樣你就不用搬兩次家），那麼讓步兩萬元對你來說成本可能就少得多，取決於提早截止日期對你的價值，這個讓步的組合可以增加你在談判中能夠取得的價值，當然了，如果對手知道你的房屋成本基礎，因為他已經研究過你購入房屋的價格，很清楚知道折衷對你有多昂貴，就可以利用這一點來開出對他有利的價格。

## 提問與回答

面對直接的問題時，大家往往隨和的令人驚訝，我們大部分人都不會多想就回答了，事實上常常連想也不想，另一方面來說，好的談判者就像好的外交官：開口之前必定三思。

如果你的對手就像大部分的人一樣，他們很可能會回答直接的問題，即使那樣一來會透露出策略上對他們不利的資訊，此外你可以增加他們透露有用資訊的可能性，只要提出問題以後就這麼等待著，出乎意料地，大多數人很願意填補沈默。

　　善用這點人類傾向很有幫助，不過要想成功，你必須考慮該怎麼發問、何時發問，顯然這些問題應該著重在補充確認你已經知道的事情，也要能夠找出你所遺漏的，但是就算如此，該問哪類問題、該何時發問、提問的順序，全部都很重要，因為事關互惠，還有你能不能相信自己得到的答案。

　　來看一個例子，讓我們再次探討保留價格。要是能知道對手的保留價格會很有利，但是你不確定要怎麼樣才能問出來，在第二章裡，如果你的目標是要得到更多你想要的，我們建議不該分享你真正的保留價格，但是這對你來說意味著什麼？畢竟如果你要求對手透露她的保留價格，你不只會預期她會陳述不實，她也會要求你透露你的保留價格，不過這種困境有個解決方法：培養引導對話的技巧，與其要求對手透露她的保留價格，你可以讓她加入談話，從她想在談判中實現什麼開始，再到她的替代方案，可以的話，甚至可以問出她當初支付的價格──這些資訊能讓你測估出她的保留價格。

　　引導對話的解決方法也適用於其他情況，比如說在談判過程中，你有可能會被問到你不想回答的直接問題，探索可能的答案，傳達出你願意分享程度的資訊，但不要讓自己暴露在後續你可能不想回答的問題之下，舉例來說，如果對手問你底線在哪，不妨考慮反問，對他們來說談判中重要的是要實現什麼──也就是對他們來說，好交易有哪些特徵，你把他們從「誰能得到什麼」的問題（答案他們也不可能會相信），重新引導到針對資訊交換的問題、價值創造的核心──我們推薦你在談判一開始就該嘗試這麼做。

　　當然了，任何談判中的主要挑戰，就是要去評估你所獲得資訊的可信度，就像第四章中提過的，有個策略是提出你知道答案的問題，要對答案也有合理程度的信心，而不是提出你不知道答案的問題，讓對手回答你知道答案的問題，可以幫助你測估對手其他回答是否可靠。

　　提出具體有目標的問題，能幫助你得到更多你想要的──但是要審慎，提出你認為對手願意回答的問題，在發問前，問問你自己，如果對手提出這樣的問題，你是否願意回答，一般來說，一系列的小問題會比少少幾個大問題更有效，不過記得要留意答案，既可以增進你對談判與對手的知識，也可以評估對手的回答是否誠實。

　　但這只是開始，為了填補知識的差距，最有效的策略之一就是加強資訊交換──或許敞開你根本從未考慮過的門──需要你在談判情境中施加影響力，確切地說，你可以利用談判中某些方面來詮釋你得到的資訊，甚至可以預測對手可能的行為，在下一節裡，我們會討論到名聲、議價歷史，以及你自身觀察了解對手觀點的能力，會在何時以怎麼樣的方式，幫助你在談判中得到更多你想要的。

## 未來的力量

眼前的交換有沒有明天？這樁談判是持續互動的一部分，還是僅此一回？預期有持續的互動會改變動力，從經濟上和心理上的觀點都是如此，因此在進入談判之時，評估是否有未來很重要。要是有未來，名聲就很重要，雙方都更有可能把自己行為的長期影響考慮進去，好消息是，談判者如果預期未來會有互動，就更有可能誠實地溝通，行動比較不那麼有競爭性，感覺上也比較依賴對手，會想更積極地培養工作關係，相較於那些不期望未來還有互動的談判者來說[5]。除此之外，如果預期未來還有互動的話，擁有高渴望的談判者會達成更多整合式的協議，相較於那些擁有高渴望但預期談判僅此一回的談判者來說[6]。

同時，未來也可能會讓談判複雜化，比如說，如果讓步具有某種優先價值，會對他們的長期利益有負面影響的話，談判者或許就比較不願意退讓，像是長期供應商可能比較不會在價格上讓步，因為這麼做很可能會增加你的期望，認為她在未來也會讓步，不過她或許會更願意提供客製化的付款方案，在特定時候滿足對方的特殊情況。

未來互動的潛力也提供了不同的篩選標準，讓你跟對手能夠詮釋對方的意圖、行為，還有彼此所做的決定，篩選標準可以是由談判參與者的名聲和你的特殊經歷所組成，就連你們之間的關係種類、或者是預期之後會有的關係，影響貢獻都很重

大，比如說，如果預料當前或將來的談判可能會引起爭議，談
判者也許比較不願意讓步——尤其是早早就讓步——以建立起
堅韌不好惹的名聲[7]。

　　名聲或許是談判中包含將來互動潛力最顯著的因素，人的
名聲就是各種可得資訊的總和，是傳達資訊的簡略表達方式，
既客觀也是刻板印象，可用來預測人的行為。有經驗的談判者
在決定要不要展開談判的時候，通常首先會考慮對手的名聲，比
如說，瑪格里特想買馬的時候，一開始就是根據名聲來聯絡人。

　　例如像對手的名聲，可以幫你預測他們會採取甚麼行動，
更重要的是，會影響你對他們潛在意圖的詮釋[8]。透過名聲的篩
選過濾，你賦予了對手的行為意義，如果你的對手確認了某項
議題很重要，他們要不是想用這項資訊交換創造價值，就是策
略性地想合理要求你在另一項議題做出更大的讓步，好交換他
們在這項議題上讓步。因此，如果對手以堅韌難纏的談判技巧
著稱，你很可能會把他們宣稱某項議題很重要的舉動，視為更
多要求的前兆；相反地，如果你的對手是以價值創造取向著
稱，你對於這項披露的反應會截然不同。

　　已有實證顯示，名聲會影響談判中的表現。在某項研究
中，雙人組中有一半的人被告知他們的對手特別擅長分配式議
價[9]，另一半的人則不知道這樣的資訊。在談判具有整合潛力的
多元議題結果之時，面對具有擅長分配式議價名聲的對手，談
判者會比較不願意分享資訊，對於掌控互動的企圖也比較敏

感，有趣的是，不知道對手名聲資訊的談判者事實上表現顯著比較好，不知道有關對手名聲的資訊，比起知道對手有擅長分配式議價的名聲，他們更能夠有效地創造價值。

除此之外，具有擅長分配式議價名聲的談判者，比起沒有名聲資訊的談判者，能夠達成的價值明顯少得多，他們的分配名聲——以及隨之而來的對手期望——壓垮了他們身為談判者的能力，這一點格外重要，因為談判者是隨機被分派到分配名聲的情況中：在現實生活中，專家的技巧在分配式談判上並沒有差別，得知對手的分配名聲之後，談判者的期望跟有關對手行為的詮釋都會受到影響，導致更加強調分配式行為，對手懷著善意，用更多分配式回應來回報那些更加激進的價值取得行動，即使這些談判者並不知道自己有怎麼樣名聲，這種回報舉動導致了毀滅衝突的急遽增加，讓雙方都不好過。

未來有互動的機會，名聲才重要，即使機會只是像上面提到的短暫單次談判，如果你想想談判對手是當地人或是暫時的過客，事情就很清楚了。跟暫時的對手（也就是那些很可能只現身一陣子的人）互動的時候，談判者表現出比較短的時程，而著重「現在」的結果就是比較敵對的互動；相形之下，談判者與當地的對手互動的時候，比較有可能接受短期的犧牲，以實現長期的利益，這樣的交換需要談判者有信心，相信對手會在未來的談判中回報他們的短期犧牲——讓長期利益有可能，增加談判者各自名聲的重要性。因此在適當的時機，你可以強調互動中的長期面來推動談判。

很明顯地，即使在你跟他們展開互動之前，對手的名聲就已經樹立了你的期望，不過名聲會轉換或改變，你在談判中的經歷，尤其是不斷跟同樣對手談判的經驗，對你的互動期望會有怎樣的影響？也就是說，名聲會如何受到議價歷史的影響？

有未來通常也就有過去，上一次互動中發生的事情，對下一次互動會發生什麼影響重大，談判者如果在前次談判中陷入僵局，相較於那些達成協議的人，他們比較容易把結果看作失敗，對於自己的表現感到氣憤懊惱，未來會打算採取更具競爭力的策略[10]，這種意圖的最終效果是什麼？跟同樣的對手在這兩種情況下談判——或是完全不同的人——有什麼關係嗎？簡短的答案又是肯定的，你先前的談判經驗（在這裡是僵局或者協議），影響了你未來的談判，即使談判者換了對手也一樣。

換了談判對手，你期望隨後談判是合作或競爭的互動，預測了如今這回談判的結果[11]，談判對手相同的時候，你的期望沒有影響，不過先前的談判歷史會有影響，如果你在先前的談判中陷入僵局，在下一回談判中你就更有可能陷入僵局，同樣地，如果你在先前的談判中達成協議，在隨後的談判中你就更有可能達成協議，這個發現顯示出上次互動的結果，在決定要維持或更換談判者時，可能是一項重要的考量。

在有關係的情境中，有未來的談判者會同時受到議價歷史和名聲的影響，但關係只是名聲和歷史的總和嗎？或是還有更多其他的？

　　議價歷史需要反覆的談判，所以不可避免地，談判者彼此之間會建立起關係——不過關係不全然是基於談判者在當前這椿談判中的行為，而是同時結合了議價歷史和對未來的期望，就像名聲一樣，關係為談判策略和戰術的效力增添了時間維度，因此有了可以創造並取得的價值；此外，關係穩定的時候，談判者就不會侷限在眼前的議題或價值上，今日和未來對成果的偏好可以合併在一起制衡，所以從經濟學的角度來看，關係提供了機會，能夠延伸價值線，涵蓋今日與未來的價值。不過切記關係的效用是雙向的，會給你帶來好處跟壞處。

　　為了說明關係對談判的影響，比較你買賣二手車時所面臨的議題差別，如果對方是你時常往來、逢年過節會互相送禮的親戚，或者是你不期望將來還有互動的陌生人。

　　視你的對手是有關係的親戚或是沒關係的陌生人而定，成本和益處非常不同，這大概很明顯吧，跟親戚買二手車要比跟陌生人買好多了，買二手車的時候，你會問賣方問題，幫助你評估車子的品質，包括車子的維修歷史以及現況，回答問題的時候，親戚會考慮不實陳述對你們未來關係的影響，這一點是陌生人——就算是誠實的陌生人——比較不認為有必要去考慮的，如此一來，親戚的陳述就比較可信，跟親戚買二手車也比跟陌生人買好。

　　相反地，想想如果是你要賣二手車，你必須合理預期買方會打聽車子的品質，你也知道你對親戚必須比對陌生人更樂意提供資訊，事實上，即使你認為車子一點問題也沒有，將來料想不到的問題也可能對你和親戚之間的關係造成不良的後果，但是跟陌生人的情況就不同了，既然你不打算跟對方有長期關係的話[12]。

矛盾的是，這表示你想跟親戚而不是陌生人買二手車，但卻寧願把車子賣給陌生人而不賣給親戚，不過有鑑於這項原則，究竟為什麼親戚會選擇你當準買家呢？[13]

讓我們再看一個例子，想想先前瑪格里特買馬匹的例子，因為馬匹賣家這群人素來有不誠實的名聲（比二手車經銷商更嚴重），瑪格里特首先找朋友推薦，雖然她很可能永遠不會再跟那個賣家購買另外一匹馬，瑪格里特卻很有可能跟朋友繼續往來，由於這樣持續的關係，瑪格里特對於賣家的可靠度更有信心，因為是她朋友推薦的。除此之外，她也確保準賣家知道她跟這個朋友的持續關係，從而制衡推薦這個賣家的朋友與這名賣家之間的關係，以便得到更多誠實的答案。

關係的種類形形色色，不只有親戚跟陌生人的差別，你與對手之間的關係種類，影響了你視為選項的選擇、你會透露的資訊和互動本身，比如說，配偶之間的資訊交流通常除了揭露出事實和資訊，也會談到感情，而陌生人之間往往只有事實和資訊[14]。跟對手有過議價歷史的談判者，更了解哪種論點最有說服力，也清楚對手的偏好、替代方案和青睞的談判策略。不過同樣的關係在某些情況下，可能會限制了你追求價值取得的能力，尤其如果價值能以金錢或財富來衡量，而在選擇策略時，你可能偏好關係勝過財富最大化。

看看談判行為和相對強調的重點，在談判雙方分別是陌生人、熟人（比如朋友或同事），或是有長期關係的人（比如已婚夫妻）的時候，一項研究顯示，在面對具有整合式潛力的談判需求之時[15]，比起陌生人或已婚夫妻，熟人之間能夠達成共同利益更高的解決方案，這些發現顯示，倒U型的關係或許存在於談判雙方的關係連結強度之間，在談判夥伴所能到達的共同利益程度之間。

這些結果清楚說明了，朋友、同事或是已婚伴侶，在談判上會比陌生人佔優勢，因為他們擁有對方偏好的資訊，不過已婚伴侶可能會因為太過擔心關係可能受到破壞，因而想避免潛在的衝突不去面對，比起談判中的朋友同事與陌生人，從另一方面來看，這些比較隨意的關係在談判中表現好多了，相較於已婚伴侶，朋友與同事對自身的成果有比較高的渴望，也會比身為陌生人的談判者讓步更多，這樣一來，朋友與同事，尤其是那些對交易勢在必得的、渴望很高的，要比陌生人或已婚夫妻更能分享必須的資訊以創造價值。最後，由於這些抵銷的差異，已婚伴侶並不會比陌生人更有可能達成高額共同利益的協議，不管是透過滾木互助或是找出一致式的議題[16]。

我們很容易就可以從前面幾段中推測出來，任何通情達理的談判者都不該偏重關係,而忽視了順利談判交易的潛在經濟價值。然而在我們看來,把複雜的談判互動簡化成這般非此即彼,未免太過短視也沒有必要,在此我們的目標只是想強調,關係的品質會是你用來評估自己談判表現的一項測度,與對手有某種關係會有系統地影響你的渴望、期望、你尋找的資訊種類,以及你為了這段關係所做的決定

關係勝過財富的主導地位有個好例子,就是歐亨利的經典小說《愛的禮物》中,那對年輕夫妻所做的決定,夫妻倆面對慘淡的聖誕節時,各自決定賣掉手邊唯一值錢的東西,籌錢為對方買個別緻的禮物,妻子剪掉長髮賣了,那是她最珍貴的財產,她買了一條金鍊想搭配傳家懷錶,那是她丈夫最珍貴的財產;丈夫則賣掉了懷錶,買了一組梳子和鏡子給妻子。故事的結局是兩份禮物都因為對方的犧牲而淪為無用武之地——所以客觀來說,價值都毀了,是嗎?事情弄清楚之後,對收禮者不具經濟價值的禮物,還有對方所做出的犧牲,都轉化為極具價值的象徵,向雙方傳達出這段關係的重要性。

在談判中,你或許永遠也不會經歷有如《愛的禮物》這種程度的犧牲,不過想想摯友精心挑選的禮物,比起同樣金額的支票,從經濟的角度來看,支票也許是比較好的選擇,因為你有更多的選擇——你可以把錢用來買任何你想要的東西,不過挑選禮物需要送禮者付出更多心力,正因如此,就為交換增添了另一種價值。

在談判中，那些注重關係的人所達成的協議，通常比較沒有經濟利益可言，保留價格設定的比較低，也讓步比較多[17]，不過比較低的經濟價值並不能保證就有比較好的關係價值，關係的結果跟尊重與公平的感覺比較相關，還有「面子」感受，而不光是起作用的結果，就像先前討論的讓步行為，這裡我們著重的是呈現對手詮釋你行為的方式，可能會比起作用的結果更有影響力，一般來說，雙方之間的正面關係並非讓步結果的作用，而是令人滿意社交互動的成效[18]。

面子的概念借自中文，或者可以說是你為自己取得的正面社會價值基礎，大部份是其他人在互動中對待你的方式[19]，因此成功的互動必須反映出你所受到的對待以及你想取得的地位，兩者之間必須一致（請注意，你不需要起作用的結果來反映出你的地位，而是你所受到的對待才會反映出你的地位，你在談判中所受到的待遇，似乎影響了你對自己表現的評估）。

最近有項研究探討了員工在就業談判中所經歷的主觀價值評估影響（就是那些對於交易起作用價值的感覺、交易中的自我、談判過程，以及雙方之間的關係），結果的主觀價值能預測他們對待遇的滿意度、對工作的滿意度，以及到職一年之後的離職意向。有趣的是，實際談判而來的待遇對於所衡量的各項工作態度沒有任何影響，包括離職意向在內[20]。主觀價值與實際價值之間的脫節，表示你可以透過你的行為，儘可能增加對手在交易中的主觀價值，而不一定得要犧牲你的客觀價值（反過來說也一樣），小心留意你和對手之間的關係，不一定得要付出你個人的財富作為代價。

你與談判對手的關係類別，就跟他們所期望得到的對待一樣，能讓人增長知識，此外關係可以為你在談判中帶來資訊優勢（因為你知道有關對手的知識），也會造成額外的障礙，讓你不容易得到更多你想要的，因為你可能會重視關係更勝過協議的品質。

除了把談判對象侷限在親友之內，是否還有其他方法，能改善你收集、驗證、補充成功談判結果所必需的資訊？有項技巧或許可以取代關係所帶來的資訊優勢和負擔，就是你考慮對手觀點的能力。事實證明，能夠讓自己設身處地為對手著想有其優點──不過也得付出代價。

考慮對手的觀點的能力讓你可以預測他們的行為和反應[21]，雖然有些人比較容易轉換成對方的觀點，不過這一向是個值得培養的技巧，挑戰在於要了解制衡對手的觀點，卻不能受到那些觀點的誘惑，讓你到頭來吃了虧。

早期有關轉換觀點的研究發現，那些處於高層次的人比較有同理心，更能理解對方的利益所在[22]，採取較高觀點的人能在談判中取得更多的價值[23]，被問到他們應該分到多少稀有資源的時候，那些轉換為對手觀點的人，據說都認為自己有資格得到的，比起那些沒被要求轉換為對方觀點的人，明顯少了很多，但是那些轉換為對方觀點的人，事實上比那些沒考慮到對方的人，還多拿了百分之二十五。不過轉換為對方觀點的益處不只是你能取得的價值，能轉換為對手觀點的人，也能夠有效地辨認出有創意的解決方案，協調社會目標、創造社會聯繫，並且抵銷對手首次開價的定錨效應[24]。

天生就有轉換為他人觀點傾向的人，也比較能從這種傾向中獲得策略優勢，但是如果並非天生就有這種傾向，你該怎麼做呢？你可以藉由積極考慮對手的利益、目標和偏好，來增進自己轉換為他人觀點的能力[25]：這正是完成我們在第五章中描述的矩陣計畫所需要的資訊。

相當於參與共有轉換觀點練習的，就是談判前的討論，談談哪些重要，以及你和對手要如何才知道那是一樁好交易。藉由參與這類對話，你增加了你主動轉換的觀點，試著去了解對手參與談判的利益與目的，如此一來，你就增進了在互動中得到更多你想要的潛力——而且有趣的是，也增進了對手的潛力。

## 摘要

在這一章裡，我們探討了利用談判本身的策略，可用於驗證及補充資訊搜尋，對於找出能得到更多想要的機會，有其必要。

展開談判之前，不妨考慮與對手安排一場談判前導會議，為談判定下基調，在會議裡，著重在了解雙方認定的好交易特性，包括談判中哪些方面對彼此特別重要。

- 小心處理你和對手讓步的方式，包括時機和數額，因為讓步暗示了你們對議題的評價。
- 還有其他篩選標準可以增進你的能力，能夠預測詮釋對手的行為。準備談判之時，請考慮：
  a. 對手的名聲，包括他們的議價歷史
  b. 未來互動的可能性
  c. 如果有未來的話，可能存在的關係類型
- 轉換為對手的觀點，去考量他們會怎麼回應你的策略，這麼做不只能夠增進你價值創造的能力，也可以增進你取得價值的能力。
- 利用談判前對話的時機，為談判定下基調，交換關於什麼才重要的資訊，並且評估你轉換觀點的能力，可以了解對手，也可以緩和你與對方可能會有的懷疑屬性。

# CH
# 9

## 讓步！要不然⋯⋯
### 承諾和威脅的影響

　　談判者常會試圖藉由威脅或承諾來影響對手，比如說，他們會威脅如果對手不在某項議題上讓步，他們就要離開，或者甚至是威脅要採取談判之外的行動，像是工會通常會威脅要罷工，好讓不願意讓步的管理階層付出代價。另一方面來說，談判者也會承諾在現有談判的時間框架之外採取行動，像是：「如果你在這項議題上退讓，我就保證會讓大家都知道你賣的產品有多棒。」

　　在這一章裡，我們著重在談判之後的承諾與行動威脅，可以概括為影響的形式。威脅或是承諾的目標對象在讓步的時候，並不知道對方是否真的會採取行動或是兌現承諾。

　　很顯然地，為了有效地影響目標對象，承諾和威脅必須要有可信度，也就是說，目標對象必須相信要是他讓步的話，對方會好好兌現承諾——或者是進行威脅，如果他不讓步的話；相反地，如果目標對象認為承諾不可靠（也就是不會兌現），那麼他就應該乾脆忽略那樣的威脅或承諾，當然這也意味著釋出訊息的一方，應該在目標對象認為威脅或承諾行動可信的時候，才採取行動，才有可能得到期望中的影響。

　　我們先從威脅和承諾的差異和相似之處開始討論，接著會著重在打造可靠承諾和威脅的要素。首先我們假定釋出訊息的一方和目標對象都採取合理的行動（或者依湯瑪斯的觀點、理性的行動），接著我們會擴大分析，涵蓋心理學的角度。

## 承諾與威脅

　　承諾與威脅都可以用來影響你的行為，比如說，航空公司按照慣例，會承諾好客戶能得到空間比較寬敞的座椅，或者是能夠升等到頭等艙，那些承諾得視情況而定，因此不一定真的會實現──然而這些好處卻能有效地影響客戶的行為，只要他們認為航空公司會信守承諾。談判也是如此，承諾只有在相信對手會如實兌現時才有用。

　　就像對手用承諾當作吸引人的誘因，她也可能會威脅要採取某些行動，讓不願意讓步的你付出慘痛的代價，不過從你的角度來看（身為行動的目標對象），威脅和承諾的顯著差異是，一旦付諸實行，威脅會讓你付出代價，而承諾會讓你得到好處。然而不論威脅或承諾，從釋出訊息的一方看來都需要付出代價，的確，雖然很自然地會從那些想影響目標對象的角度來看，會著重在成本與益處上，就像我們接下來會討論到的，但是對威脅與承諾可信度本身最重要的，其實是釋出訊息的一方所認為的成本，畢竟從純粹理性的觀點來看，一旦傳遞出威脅或承諾，執行兩者都需要真正的成本，就算沒能做到也一樣，在第一種情況下，釋出訊息者必須真正去負擔執行行動的成本，在第二種情況下，沒行動對釋出訊息者的名聲會有負面的影響。

　　威脅與承諾的第二個不同之處，在於承諾可以用契約約束

（等成為協定的一部分時），因此增加了可信度，比如說，承諾如果以保證條款的形式呈現，就變得更加可信，通常也具有法律效力。相形之下，威脅通常不能以法律約束，舉例來說，你不能簽署一份具法律約束力的契約，講明如果你不讓步就要中止談判，因此讓威脅可信是一項比較具挑戰性的任務──不過有些方法能讓威脅對釋出訊息者更具約束力，如此一來也就更加可信。

　　威脅與承諾的第三個不同之處，在於目標對象的行動，以威脅來說，目標對象沒有動機去誘發對方執行威脅，如果釋出訊息者願意退讓的話，但是說到承諾，目標對象希望釋出訊息者兌現承諾，因為承諾要在未來某天實現，目標對象也可以發出威脅，比如像是去宣傳對方無法信守承諾。

　　雖然先前的區別主要在經濟層面，從心理層面來說，還有另外一個重要的區別，承諾與威脅的差別在於，承諾與利益有關，而威脅與損失有關，大家對於潛在利益與潛在損失的反應大不相同，因此，把你企圖發揮的影響定位成威脅或是承諾，會影響到對手願意接受的風險程度。

　　為了說明這樣的心理作用，看看這個典型的重大疾病例子[1]：

　　美國正在預防一種不尋常的亞洲疾病爆發，預計死亡人數上看六百，實驗參與者隨機分成兩組，第一組面對下列兩種方案可供選擇，要挑出一個他們贊成的：

　　1. 採用方案A的話，可以拯救兩百個人。

2. 採用方案 B 的話，有三分之一的可能性能夠拯救全部的
　人，有三分之二可能性沒有人會得救。

面對這兩項選擇時，第一組有百分之七十六的參與者選擇
方案 A，百分之二十四的人選擇方案 B，因此第一組的參與者似
乎重視肯定能夠拯救兩百條生命的前景，更勝於有風險的前
景，即使兩個方案都是為了要拯救數目相同的人。

第二組的參與者面對的是下列兩個方案：

1. 採用方案 A 的話，有四百個人會死亡。

2. 採用方案 B 的話，有三分之一的可能性沒有人會死亡，
　有三分之二的可能性全部的人都會死亡。

有百分之十三的人選擇了方案 A，百分之八十七的人選擇
了方案 B，因此第二組的參與者表達出對高風險方案 B 的強烈偏
好，而不喜歡肯定的方案 A，肯定會有四百個人死亡的前景，
對第二組的參與者來說，吸引力低於碰運氣的同等期望值。

請注意，從理性的角度來看，兩組面對的選項都是一樣
的，比如說，如果六百人當中有兩百人會得救（第一組），那麼
就有四百個人會死亡（第二組）；同樣地，如果全部的人都得救
（第一組），那麼就沒有人會死亡（第二組），所以從全然理性的
角度來看，兩組參與者應該將兩個提案一視同仁，但是他們卻
沒有這麼做！

這些結果顯示出，把選擇包裝成潛在的利益（拯救生命），
能讓某些選項變得更有吸引力，而把選擇包裝為潛在的損失（人

會死亡），則會讓有風險的選項變得更有吸引力。

　　把這樣的效應轉換為談判的語言：冒險的選擇是抵抗而不接受某項提案，不去同意，並且期望未來能有更好的替代方案，未來的選擇有可能無法實現，這就是風險所在，把某個選擇包裝成利益，會導致你更嫌惡風險，增加你同意提案的可能性，嫌惡風險的選擇就是接受眼前的提案。

　　同樣地，威脅著重在目標對象的損失，因而喚起了損失的感受，並鼓動抵抗。相較之下，承諾著重在接受方所能得到的利益，因此把互動包裝成潛在的利益，鼓勵人接受提案。所以你怎麼包裝你的提案，會明顯影響對手的回應。

## 威脅的力量與承諾的誘惑

　　不確定來者是威脅還是承諾，是由於從釋放出訊息到在目標對象身上產生潛在效果之間的時間間隔，一旦威脅釋出，目標對象必須決定是否要讓步，儘管不清楚釋出訊息者是否真的會堅持到底。

　　如果目標對象不肯讓步，釋出訊息者必須決定是否要執行威脅。這裡有個兩難的局面：目標對象沒有讓步，他沒讓步的事實已經發生了，既已證明威脅無效，那還要執行嗎？

　　類似的兩難局面也存在於承諾上──只不過方向相反，目標對象讓步：承諾就有效，現在釋出訊息者得決定是否值得兌現承諾，這個問題特別容易出現在承諾涉及談判之後好一段時間的行動時，雖然目標對象或許能夠利用釋出訊息一方的失敗，要他公開兌現承諾，如果釋出訊息的一方最終沒能夠兌現承諾，目標對象卻可能無法撤回她的讓步。

　　所以目標對象該怎麼做才好？照我們在第六章裡面的建議，展望未來、往回推論，用倒過來的時間順序展開你的分析，釋出訊息者會執行威脅或是兌現承諾？首先讓我們考慮單次的談判，未來鮮少有互動的機會，舉例來說，你可能度假時在某城中談判一樁買賣，未來不太可能跟賣家有互動，不過就算在本地，有些買賣重複的頻率就是不高，不足以讓未來互動的機會成為雙方的相關考量，比如說，車商或許不會太重視你將來再跟他買車的可能性。

　　因此釋出威脅或承諾的一方會計算：目標對象揭發釋出訊息方不良行為的風險是否合理？如果雙方不預期未來有互動，從理性的角度看來，目標對象不太可能把釋出訊息者的不良行為公諸於世，無法藉由宣傳忽略的威脅或是沒兌現的承諾來達到目的，不採取行動是因為，想要宣傳這樣的行為，需要目標對象從事代價高昂的活動，比如在經銷商的展售廳前面，宣傳承諾沒有兌現一事，那樣的舉動對於目標對象來說代價太高，也不太能夠抵銷經濟利益，合理化所付出的努力。

　　為了說明這一點，看看下列的情況：一家創業公司正在考

慮進軍現存公司主導的市場，預見創業公司要進入市場，現存
公司私下發出威脅，宣稱如果創業公司把計劃付諸實行，就要
展開價格戰爭[2]。

　　如果創業公司不進入市場，現存公司的利潤現值是三億
元，創業公司的利潤現值是零元（因為還沒有開始經營），但是
如果創業公司要進入市場，現存公司可以順應（忽略先前提出的
威脅，就這麼接受創業公司的存在）或是執行威脅，發動價格戰
爭。如果要順應的話，現存公司和創業公司的利潤現值各是
一億元，相較之下，如果現存公司決定要打價格戰，現存公司
要遭受一億元的損失，創業公司則要遭受兩億元的損失。

　　如果你是創業公司的顧問，你會多認真看待現存公司的價
格戰威脅？眼前要討論的是，如果現存公司要打價格戰，你的
客戶有可能會損失兩億元，也可能會獲利一億元，如果價格戰
沒有發生的話。

　　在這種情況之下，價格戰的威脅並不可信，你應該建議客
戶依原訂計畫進入市場。為了得到這個答案，先從現存公司的
角度來考慮利潤和損失，一旦你的客戶進入市場，現存公司有
哪些可行的替代方案？現存公司可以順應然後獲利一億元，或
是發動價格戰而損失一億元，因此一旦你的客戶進入市場，現
存公司順應會比執行威脅更加有利，所以如果你認為現存公司
會採取理性行動，一旦創業公司進入市場，價格戰的威脅不符
合現存公司的最大利益，因此也就不可信。

　　所以從創業公司的角度來看，選項有（a）不進入市場，獲利零元；或者是（b）進入市場，獲利一億元，顯然最好的替代方案就是忽略威脅（既然不可能會執行），進入市場。

　　當然了，情況會比較複雜一點，如果有很多家創業公司想進入現存市場，那樣的話，現存公司也許會公開發出威脅，如果你的客戶想要進入市場，打一場價格戰可以建立起不好惹的名聲，捍衛市場──主要目的在嚇阻其他有意加入者。

　　如果情況關乎承諾而非威脅，那就比較簡單了，釋出訊息者可以比較守信的代價跟背棄承諾的名聲代價，如果不期望將來跟目標對象會有互動，那些名聲代價只會在接受者決定公開釋出訊息者的不良行為時，才會產生，但是那有可能發生嗎？只要釋出訊息者認為接受者不願意承擔宣傳不良行為的成本，他就不會履行承諾，但是這樣一來，知道釋出訊息者不可能履行承諾，接受者就不可能受到承諾的影響；未來如果沒有互動的機會，理性的釋出訊息者會背棄承諾，而理性的接受者也不會受到這種承諾的影響。所以未來不可能有互動的時候，通常不該釋出威脅和承諾，就算釋出了，對目標對象的影響可能也不大。

　　所以在理性的世界裡──在一場定輸贏的情況下──不論承諾或威脅都不是特別有效，不太能夠影響目標對象。相反地，由於威脅和承諾無法有效地影響目標對象，釋出威脅和承諾首先就是不理性的。

　　不過威脅和承諾卻經常在這樣的情況下出現，也影響了談判者，即使將來不可能還有互動，所以是哪些心理因素，讓威脅與承諾有效地影響了目標對象的行為，讓釋出訊息者如實履行，即使有理性的行為者根本會忽略不管？如果你想預測目標對象或是釋出訊息者的真正行為，你不只得考慮到理性分析。

## 威脅與承諾的心理層面

　　你可能會感到驚訝的是，某些威脅事實上是正面的心理經驗，「幸災樂禍（schadenfreude）」一詞指的是看到別人倒楣而覺得開心，在威脅的情境下，釋出訊息者可能真的會樂在執行威脅，如果你威脅要刮花對手的車子，他又有一台好車，你可能真的會從他的不幸（掌握在你手裡）得到快樂。無可否認地，幸災樂禍是種原始的衝動，真實無比，因此必須認真對待，不過即使釋出訊息者能夠從幸災樂禍中得到益處，執行威脅仍舊需要付出昂貴的代價，因此幸災樂禍的樂趣，得要超過執行可信威脅的成本才行，所以對於釋出訊息者來說低成本的威脅（刮花目標對象的車子），要比執行代價高的威脅來的可信多了，比起要偷你車子的威脅，你必須更加認真看待要刮花你車子的威脅。

　　心理益處也可以透過宣傳你所經歷過的錯誤，或是藉由認可模範行為來體會，你是否曾經挺身而出，即使你有理由確定，你再也不會跟那個人或組織有任何互動？你何必這麼做呢？

　　原因之一可能是因為你相信世界是公平的：大家都會得到自己應得的[3]，對你來說，不懲罰惡行或不表揚善行的心理成本，可能超過了採取行動的經濟成本（比如像是時間），要是有人以承諾未來的行為換取利益──接著卻背棄了自己的承諾呢？獲取不當利益可能會挑戰你認為世界公平的信念，所以你或許會有動力想採取行動改變情況，重新建立起平衡[4]，你可能會在社群媒體上揭露那個人的行為、針對他們的生意寫評論、跟朋友或同學分享資訊，或是在機構外面抗議，宣傳對手私下的敗筆，比如像eBay或亞馬遜的眾多線上賣家，要維持合理標準，讓這麼多虛擬賣家在一次了結的交易中保持行為誠實良善很困難，為了解決這個問題，賣家同意讓顧客公開評價，因此客戶宣傳賣家惡行的成本降到最低：只要打幾個字，對於賣家名聲的潛在傷害卻很大，因為傳播出去的訊息是公開的，其他人可以輕易看到。如此一來，eBay或亞馬遜網絡上賣家的承諾（比如快速交貨、商品如實廣告、退貨便利）會比較可信，這是因為賣家名聲公開評價的緣故。

　　身為個人，你願意挺身而出到什麼程度，去把對手的惡行（或是善行）公諸於世，這跟你的世界公正信念多強烈有關，即使將來可能沒有互動。當然並非每個人都會受到公正世界信念的影響，談判的時候，你或許可以說服對手，讓她知道你是世界公正的死忠信徒，認為行為不論好壞，都應該公諸於世，接著以讓步回應她的承諾，只要你合理認為她已經相信了你的誠意。

　　雖然威脅要把惡行公諸於世，首先就能嚇阻對手的不良行為，公開威脅的力量在於那比私下威脅更可信，威脅和承諾的公開性質可以讓將來的合作對象了解對手的名聲，在本質上，釋出訊息者坦白透露自己的全面名聲（相對於跟單一對手的名聲），讓大家都看得到，反過來說，如果名聲有其價值，目標對象必須合理預期釋出訊息者會堅持到底，以便維護這個有價值的資產。

　　不過就算是具有公開性質的威脅，也未必總能讓代價高昂的威脅付諸實行，比如美國總統歐巴馬那如今臭名昭彰的2012年「紅線」言論，談到阿薩德政權在敘利亞的化學武器使用[5]，歐巴馬總統公開畫下那條紅線，然而事態很清楚，阿薩德確實對自己的人民使用化學武器，之後卻沒有任何行動（除非你認為國會考慮授權行動是過果斷的行為——不過大部分人都不會這麼想吧），結果就是歐巴馬總統的名聲受損，威脅沒有堅持到底，不止降低了他對阿薩德的可信度，也鼓動其他人質疑，他是否還會忽略其他的威脅或承諾，因此公開釋出威脅或承諾之所以能增加可信度，正是因為食言的成本太高了。

　　威脅或承諾的公開性質在決定可信度時，是一項很重要的考量，其他的特點則會影響威脅或承諾在取得對方讓步上的影響力。首先，規模事關重大！挑選合適的規模要考慮兩方面，對釋出訊息者的成本以及對目標對象的成本／效益。

　　讓我們從承諾開始，承諾的規模是一項重要的決定因素，對釋出訊息者跟接受者來說都是，從釋出訊息者的角度來說，實踐承諾的成本越低，食言的名聲成本越高，承諾的可信度就越大。

　　由於釋出訊息者會權衡損害名聲與兌現承諾的代價，從釋出訊息者的角度來看，最佳承諾就是那些執行成本低廉、食言的名聲成本高昂、並且對於目標對象有重大效益的。有個好例子就是汽車經銷商保證跟他們買車的客戶，都能得到良好的服務（優先於在其他地方購車的人，或者是提供售後免費的汽車美容），並且雇用獨立的代理商向客戶宣傳服務體驗。對於經銷商來說，相對於食言的名聲代價，這樣的成本算低，對客戶的效益也夠高，讓他們在談判中願意多付一點錢買車；同樣的方法可以用來決定最合適的威脅規模，釋出訊息者要讓威脅更有可信度，只需選擇執行成本低廉的那些威脅，也許是因為能帶來不少幸災樂禍的感受，並且讓目標對象承受相對高昂的代價，比如說威脅要刮花你的車子（小恐嚇，被逮到通常是輕罪）比起威脅要殺死你（大恐嚇，可能會導致終身監禁），要來的更有可能執行，因此從釋出訊息者和目標對象雙方的角度來看，刮花車子的威脅遠比殺人的威脅來得更可信。相形之下，對那些想要勸阻有意加入者的現存公司，用非常公開的態度釋出威脅、發動價格戰，代價也許很高，卻能有效阻止未來的創業公司進入他們的市場，因此分別看來很瘋狂的決定，其實在更廣泛的情境下來考量，可能是非常理性的行動方針。

　　除了規模之外，另外還有兩個因素要探討：威脅的形式和時機。你可以釋出明確的威脅，或者是用暗示的，明確威脅的例子像是「如果你不讓步，我就通知你的上司，說你咄咄逼人」，暗示或是沒有明講的威脅不會提出具體的行動，而是暗指會有壞事發生，「如果你不答應我的要求，你會後悔的」。明示或暗示的威脅效果如何，取決於釋出的時機，明確的威脅在談判後期釋出比較有效，暗示的威脅則是早一點釋出比較有效，相反地，在談判早期釋出明確的威脅，或是在後期釋出暗示的威脅，比起根本不威脅，對於對手讓步的意願反而會有不良的影響！在錯誤的時機釋出錯誤的威脅不止無效，還會讓你顯得軟弱或是咄咄逼人，這大概不是你所樂見的[6]。

　　到目前為止，我們討論了承諾和威脅的可信度，都是在談判雙方未來不可能會有互動的情形，如果改一下情境，加入雙方未來仍會互動的可能性也並不會改變任何結論，不過確實會讓威脅跟承諾更加可信，道理很簡單：有未來會讓名聲的考量更加重要。

　　有未來的話，情況就更複雜了，首先，釋出威脅一事對於未來的互動可能會有負面影響，有未來時要偏重承諾，如果同時有承諾和威脅可供選擇的話；此外，如果目標對象不肯讓步，未來互動的希望增加了威脅執行的可能性，如果目標對象讓步了的話，也增加了承諾兌現的可能性，因為要是不堅持到底，會毀了你在未來互動中的名聲。相反地，如果你執行了威脅或是兌現了承諾，你就贏得名聲上的效益，讓人知道你很強硬（就威脅而言）或是很可靠（就承諾而言）。

不過未來互動的希望也會對目標對象造成影響，如果目標對象屈服在威脅之下，那麼釋出訊息者就能在未來跟這個對象的互動中獲益，因為她知道目標對象受到威脅時會願意讓步。就威脅來說，目標對象的名聲可能會降低她讓步的意願，因為如果不屈服的話，她就能建立起自己強硬的名聲，當然了，她可能也得承受威脅的後果，以及釋出訊息者執行威脅之後提高的強硬名聲，因此，在未來會有互動的時候釋出威脅，你必須預料到目標對象不肯讓步的可能性會增加，所以應該認真考慮你將要面對的局面：不僅得不到你期望的讓步，還可能必須執行威脅──或是承受名聲成本──如果你沒有執行威脅的話。

看看「未來仍會互動」的的挑戰，是如何影響了我們某位同事的失敗策略，他得到東岸某間頗負盛名商學院的工作，於是帶著威脅找上院長：開出相同的條件，否則我要走人，有鑒於我們這位同事得到的工作頗富競爭力，他的威脅似乎可信，受到威脅的目標對象、也就是院長，可能會答應，但是這麼做的話──尤其是他知道他的行為會被其他教師知道──就會立下一個代價高昂的前例，向其他教師表明了，只要受到威脅，院長就會提高他們的薪資，因此院長的回應，就只是祝福我們的同事新工作一切順利，雖然院長很看重這位同事的個人貢獻，但是順從威脅不只要付出額外待遇給這名教師，其他教師不可避免地也會在他辦公室外，帶著新工作等他開出補償。

像這樣的威脅，如果不能把威脅堅持到底的話，釋出訊息者一定也要考慮名聲成本，儘管院長沒有滿足他開出來的條件，我們那位同事還是留在凱洛格學院，再也沒有人、尤其是院長，把他之後的威脅當真了。因此，特別是在未來可能有互動的時候，釋出訊息者首先應該考量要不要發出威脅，因為光是釋出威脅，就可能造成負面的後果。

事實證明，有比發出威脅更好的策略。同樣跟這位院長談判時，另一名比較高明的教師提到頗富競爭力的新工作，但只問院長能不能讓她知道明年的薪資會是多少，這個方法跟第一個有兩項重大的不同之處，首先，因為這不是以威脅的方式闡述出來，而是要求資訊，不會引起意料中的擔憂，讓院長背負屈服在威脅之下的名聲，更重要的是，這減少了（儘管沒能完全消除）她接受新工作的壓力，還有丟臉的風險，要是院長所提出的明年薪資，遠遠低於新工作的薪資，而我們這位同事還想留在凱洛格學院呢？這位教師必須作出選擇，但是她的行為不需要把自己逼到這麼明顯的困境裡，不過在這個例子裡，院長提出了同等的條件，這位教師很開心地繼續待在凱洛格學院，整場談判還不到十分鐘。

## 事先承諾的力量

　　想想汽車經銷商承諾要提供你優質的售後服務，一般而言，如果是私下提到，你可能不會把這樣的承諾當真，不過經銷商要想讓承諾更可信，不僅可以公開承諾，也可以雇用獨立的行銷公司來後續追蹤顧客，調查並發表他們的售後服務體驗，藉由加入這樣的安排——事先的承諾——經銷商有效地增加了背棄承諾的代價，也因此讓承諾更加可信，相對地，顧客會理性看待這樣的承諾，覺得更可信，也就願意讓步更多，像是多付一點錢買車。

　　類似的事先承諾也可以用來讓威脅變得更可信，有個例子發生在第二次世界大戰時，瑞士遭到德國及其盟軍包圍，很明白自己對德國有戰略上的重要性，因為瑞士橫跨阿爾卑斯山，提供了有效率的路徑，能把人員跟裝備在德國和義大利之間運輸，也就是德國主要的盟友，當然了，德國佔領瑞士的話，就可以讓運輸更有效率，雖然瑞士軍隊還算有威嚇力量，實際上卻無法承受德意志國防軍的猛烈攻擊。

　　為了阻止德國入侵，瑞士人在（境內和邊界）的道路、隧道和橋樑，全都埋了炸藥，然而就其本身而言，要炸掉那些道路和橋樑的威脅並不可信，畢竟一旦德國入侵了，炸毀所有境內的道路、隧道和橋樑，又有什麼意義呢？為了讓他們的威脅可信，瑞士人下令在每一處橋樑、隧道和道路都部署一個小型軍事單位，並且下了一道不可撤銷的命令，境內任何地方一出現德軍侵略的跡象就要立刻炸毀，如果負責的軍官拒絕服從命令，該單位的人可以依令射殺指揮官，引爆目標物；接著瑞士司令官讓各單位更容易遵從命令，把非本地的軍隊指派到每個目標單位，也就是說，瑞士境內德國區的單位被指派去義大利區的橋樑、隧道和道路，義大利區的則被指派到法國區去，諸如此類，這樣一來，軍隊善用了瑞士多元文化，讓大家更容易遵從命令，因為就意義上來說，每個單位炸毀的都是別人的資產。

　　不用說，這個「秘密」計畫被洩露給柏林知道了，實際上，瑞士的策略就是把是否要炸毀道路、橋樑和隧道的決定交到德國人手上，如果他們侵略瑞士，他們就會失去他們最想要的，如果他們不侵略，他們還可以比較有效率地經由有橋樑、隧道和道路的瑞士來運輸人員和裝備，比起什麼都沒有的瑞士好多了！這兩則故事的共同點在於，事先承諾讓釋出訊息者避開了必須真正執行威脅的決定，一旦承諾不可撤銷，就會更加可信。

## 摘要

　　你和對手有共同未來的時候，釋出威脅會讓你暴露在兩種負面後果之下，首先是釋出威脅的不良後果，其次是不執行威脅會損害你的名聲，因此在這種情況下，你應該在準備好要執行威脅時才釋出訊息，不過同樣地，巨大威脅（那些會要釋出訊息者付出很大代價的）可能還是沒什麼可信度，要是名聲成本低於執行成本的話，所以我們的建議還是維持不變：釋出最小但足以讓對手讓步的威脅。

承諾也一樣，雖然釋出承諾本身對將來的關係並沒有負面影響，未來談判的可能性讓釋出訊息者比較不會食言，承諾也因此更為可信，當然了，釋出訊息者還是有食言的可能，如果實現諾言的成本太過昂貴，因此要承諾可信的話，對釋出訊息者來說，信守承諾的代價必須低於背棄承諾的名聲代價，所以不妨考慮儘量做出最小的承諾，夠讓你的對手讓步就好，這些比較小的承諾和未來往來的可能性會讓這些承諾更加可信，也因此更具影響力。

形成的決策模式如下：

- 如果不期望未來會有互動，私下釋出的威脅或承諾並不可信，應該忽略不管，所以也不該釋出這類訊息。不過威脅有可能被目標對象拿來報復（幸災樂禍），公諸於世（就算並沒有執行），因此威脅不只在未來沒互動時不太可能有效，也會讓釋出訊息者付出重大的成本。

- 如果不期望未來會有互動，釋出訊息者可以透過公開的方式，或者是致力於公開實踐，來增加威脅或承諾的可信度，這或許足以讓威脅跟承諾變得可信，如果對於釋出訊息者來說，沒有堅持到底的名聲成本很高，或是堅

表9.1 執行威脅及承諾的成本／效益分析（未來可能有互動）

| | | 對釋出訊息者的實現與背信成本 | | | |
| --- | --- | --- | --- | --- | --- |
| | | 可能主導的背信成本 | | 可能主導的履行成本 | |
| | | 有一點 | 有很多 | 有一點 | 有很多 |
| 對目標對象的威脅成本或承諾效益 | 低 | 效應適中 | 高效應 | 低效應 | 沒效應 |
| | 高 | 高效應 | 效應適中 | 效應適中 | 效應適中 |

持到底的成本很低的話。因此，比執行威脅的名譽損失還輕微的威脅，並且由好名聲的一方所釋出，應該要認真看待，而由名聲不佳一方所釋出的重大威脅或承諾，則應該忽略不管。

• 如果期望未來會有互動，威脅或承諾也許可信，只要未來互動的名聲成本對於無法堅持到底的釋出訊息者來說很高，以及/或者是對於釋出訊息者來說，堅持到底的成本很低的話。因此，由擁有好名聲資本一方所釋出的小威脅或承諾，應該要認真看待，而比背棄承諾名聲成本高的威脅跟承諾，則應該忽略不管；此外，釋出訊息者可以透過公開的方式，讓威脅跟承諾更加可信，並且也致力於公開已經執行的消息；最後，釋出威脅本身——

即使是可信的威脅──可能會對未來互動有負面的影響。
- 在對可信的威脅或承諾讓步之前，你還是必須評估一下，對你而言，比起承受威脅或是從承諾中獲益，讓步的成本是否更高。

為了幫助你評估行動，不管你是威脅或承諾的釋出者還是目標對象，我們製作了表9.1，概述每種特定行動的可能效果。

結論很簡單：除非目標對象期望會實現，不然威脅和承諾就沒什麼效應，實現的可能性有多大，則是基於比較釋出訊息者的相對成本和背棄承諾的代價，所以很明顯地，釋出訊息者和目標對象必須考慮什麼時候威脅和承諾是可信的，什麼時候只不過是說說罷了！

CH
**10**

# 該不該讓人
# 看到你冒汗（或流淚）？

談判時的情緒

　　憤怒、高興、悲傷、驚訝、恐懼等情緒，能在談判中扮演重要的角色，不過對於流露情緒的一方，後果很複雜，有時候能改善成果，有時候卻會降低效果，表達或感受到情緒，都會影響你在談判中對於資訊的想法和詮釋，也會影響到對手的行為，最終會幫助或是妨礙你取得更多想要的能力。

　　身為談判者，你可以表達你真實的感受，也可以選擇流露出你其實沒有感覺到的情緒，因此情緒可能是談判者真實感覺不受控的表達，也可能反映出策略性的選擇，是要去表達出真實的感受，還是表現得好像你感覺到某種情緒，儘管事實上並沒有。比如說，你可能生氣了，也表現出憤怒，這可能是因為你選擇這麼做，也可能是因為你根本控制不了你的怒氣；或者你可能生氣了，但是卻表現出熱心或是同情的樣子——那種你實際上沒有感受到的情緒；你也可能生氣了，但卻壓抑情緒，看起來一副中立的樣子；最後，你可能對狀況根本沒有情緒反應，但卻表現得好像你很生氣，企圖影響對手。

　　對大部分的人來說，不難回想起在某次談判裡，自己或對手的情緒妨礙了你得到想要的，或許情緒的表達太過極端，以至於對手轉身離去，就因為在最激烈時刻說的那些話，也或許你脫口而出的資訊應該保留不講，或者是因為——又是那種時刻——在某一點上獲勝或是反擊對手，是你唯一在乎的事情。這種經驗通常與衝突螺旋有關，如果情緒失控了，尤其是負面情緒，隨後對關係造成的損害、衝突擴大的結果，都有長期的負面影響，不論是對你們的關係或是談判達到的成果都一樣。

　　湯瑪斯曾經親身體驗過情緒對價值的破壞。六歲那年，湯瑪斯的家人準備從祖國波蘭移民到以色列，在準備的時候，他們賣掉了大部分的財產，尤其是那些在中東沒什麼價值的東西，湯瑪斯的爸爸有一雙品質很好的冬靴——這在冬天的波蘭是非常珍貴的所有物，但在中東沒什麼用處，1957年之際，這麼高品質的靴子在波蘭很貴，很少有人買得起，就在他們預定出發日期的前幾天，出現了一名潛在買家，開價是他父親（相當高昂）要價的一半，這個他父親認為偏低的開價令他勃然大怒，這名典型的理性核子工程師，拿了一把沈重的菜刀把靴子砍成一半，大喊道：「付一半的錢你就拿一半的靴子去吧！」這開價顯然超過他父親的保留價格，因為靴子在中東沒有用（反正他父親一刀砍下去也讓靴子報廢了），所以除非摧毀珍貴靴子的滿足感，對他來說比他開價的一半還有價值，這種情緒衝動顯然讓他得到的比想要的少。

　　情緒也會限制你策略思考與行動的能力，特別是負面情緒，你的情緒衝動有感染力，會引起對手奔放的情緒反應[1]，因為這些負面情緒在認知上的缺點，談判者通常會試圖壓抑或隱藏自己的情緒——尤其像是憤怒這類的負面情緒。比如說，霍華‧拉法在《談判的藝術與科學》一書中開出處方式建議，標榜自我控制的重要性，特別是控制情緒的明顯程度；同樣地，傑拉德‧奈倫堡在《談判之藝術》一書中說道，「處在情緒化狀態

## 衝突螺旋

　　一定有些讀者的年紀夠大，還記得美國六〇年代晚期跟七〇年代早期的學生示威。示威一開始通常是幾個學生針對某些議題發動抗議或靜坐，校園行政單位會叫警衛來把這些違反規定的人趕走，結果就是逮捕和增加反抗，引起媒體關注，這樣一來，其他學生也會加入混亂之中，導致行政單位叫來更多警衛或校外警力，甚至於更極端點，連國民警衛隊也找來了，結果這種行動又會造成更多學生參與，這是行政單位的強烈反擊所激起的，而不是原來引起示威的議題。

　　談判中最常見的螺旋形式就是像這樣的衝突螺旋，這些螺旋可能是正面的（生長螺旋）或負面的（退化螺旋），在性質上通常是回應他人行為的變化，或是對手回應的增強，因此回應從相對良性的策略例如迎合、暗示威脅，到比較激進的策略像是情緒衝動、明確威脅，或者是不可撤銷的承諾——全都有可能導致情緒化的僵局，而沒有經過好好盤算。

下的人不想思考，特別容易受到精明對手暗示力量的影響」[2]。

　　你可以用一些不同的方法來避開強烈的情緒，首先，你可以避免可能會產生強烈情緒反應的情況，比如說你可以避開某個同事，因為你手中握有消息，可能會讓她生你的氣；第二，你可以調整情況，減低強烈情緒反應的可能性，你可以避開某些話題，那些可能會產生負面情緒或裹著糖衣的挑釁資訊；第三，如果你發現自己很氣對手，你可以數到十再回答對方，或是去你腦海中的「快樂之地」；最後，你可以索性壓抑著，不去表達自己感受到的情緒──也就是說，保持面無表情。這些選項都是辦法，可以避免或儘量減少你的情緒反應。

　　相反地，你也可以重新架構結果，或是重新定位你賦予該情況的個人意義，比如說，對手表達出來的憤怒，在那樣的情況之下，從她的角度來看或許完全合理，也就是說，那樣的資訊激怒了她而不是你。在感受到之前調節你的情緒，是重新評估的策略，重新評估發生在預料會產生情緒的過程早期，包括認知上的努力，是特地設計、可用於中和或重新架構感受，重新評估的策略改變了情緒感受，重新架構了你對經驗的詮釋，這個策略需要你去仔細思考，想想對手和他們可能會有的行為──這部分的談判準備，對於大多數的談判者來說，一直都是項挑戰。[3]

　　這些處方指示雖然好懂，卻全都有某些系統上的缺失，因為在談判中忽略或抑制情緒，有時候會讓你的情況更糟糕，畢

竟壓抑情緒表達需要花很大的心力——力氣就不能用在成功談
判所必要的艱難思考上了。所以抑制情緒表達其實有可能會妨
礙你的思考能力，尤其是處理和回想資訊的能力[4]；除此之外，
努力抑制在生理上也有影響——會影響你（血壓在試圖壓抑情緒
時會升高），出乎意料地，也會影響你的談判對手。就算你能成
功地抑制自己的情緒反應，不只你會血壓升高，對手也會血壓
升高，還會認為你這人不親切，因為到頭來你壓抑的可不只是
負面情緒[5]！更重要的是，保持面無表情會降低你取得有創意談
判成果的能力，因為情緒能為你跟對手提供獨特的資訊。

## 思考與感覺的關係

　　人類的認知資源有限，雖然你的感覺與思考之間有關聯，
分配到情緒感受上的資源，並不是就這麼從分配到思考上的所
扣減下來的，在某些情況下，情緒可以增強你的思考過程，有
的時候則會讓清晰思考變得困難。

　　雖然情緒與認知功能，分別受控於各自部分獨立的腦部系
統，情緒會影響你所做的選擇，藉由提供能幫你下決定的某種
資訊[6]。為了說明這一點，研究者要大家評定某組卡通的幽默程
度[7]，在評判之前，有一半的研究參與者被要求用牙齒咬住一支
鉛筆，讓鉛筆像稻草一樣伸出來，另一半的參與者則被要求橫

向咬住鉛筆，讓筆尖靠近一耳，橡皮擦那端靠近另一耳，你可能會懷疑，嘴裡咬隻鉛筆怎麼會影響你對卡通有趣程度的想法，不過真的會，那些像叼根稻草般咬著鉛筆的人，用到的肌肉通常與皺眉頭有關，那些橫向咬住鉛筆的人，用的肌肉通常與微笑有關，而實際上，那些橫向狀態的人評比卡通的有趣程度，高於那些叼稻草狀態的人，彷彿參與者心裡想著，「這感覺就像皺著眉頭（第一組），所以這些卡通應該沒那麼好笑。」或是「這感覺就像微笑（第二組），所以這些卡通一定很好笑。」

　　參與者顯然沒有意識到，刺激各部位肌肉會有模仿情緒表達的效果，會影響到他們對卡通的評價，不過只因為沒意識到某種效應，並不表示那就不會影響到你的看法，不可否認地，這個研究是在實驗室裡受到控制的環境下進行的，但仍然解釋了情緒與看法的緊密相關聯。

　　至於現實世界中情緒與看法相互影響的例子，看看觀眾的強大作用，是怎麼影響了你在比賽或演唱會時，對自己感受的詮釋，甚至不必是現場觀眾：例如好萊塢一向深諳罐頭笑聲的威力。

　　情緒也會影響你的選擇，低落或中等程度的情緒可以讓你做好準備，去回應挑戰和機會，可以提供資訊，讓你知道哪些才重要，以及你的目標進展如何。最近有研究探討了另外一條情緒影響思考的新途徑，在過去，大家普遍認為與正面心境相關的有創造力增加、思想廣泛、靈活有彈性，而負面心境則會引起意見分歧和衝突[8]，如今共識逐漸增加，認為情緒與直覺式資訊處理有關，其他的則與系統化資訊處理有關。

大部份人的預期是，比較周全的評估或是系統化的處理會伴隨著正面情緒，而抄捷徑或直覺類型的思考，則發生在有負面情緒的時候，但是事實證明，這不是真的！不是情緒的效價（正面或負面）決定了你的思考深淺，原來不管生氣或是快樂的人，往往都會用直覺思考，我們發現快樂的人會增加對刻板印象的依賴，生氣的人也一樣[9]，處在這兩種情緒狀態下的人，比較注意發言者明顯可見的特點，而不太留意對方的論述是否有說服力[10]；相反地，人若是歷經悲傷（通常被視為負面情緒）或是驚訝（可能是正面也可能是負面，視驚訝的本質而定），比較有可能會去考慮更多的替代方案，用比較仔細周全的方式處理資訊[11]。

事實證明，快樂和憤怒對思考的影響，與驚訝或悲傷很不一樣，後者這些情緒，創造出比較有系統的資訊處理，談判者從事的思考類型很重要，因為直覺思考與妥協讓步有關，著重在誰能得到什麼，而系統化思考則與增加價值創造有關。

不過這些改變你想法的情緒究竟是怎麼一回事？與肯定感受有關的情緒越多，經歷到這些情緒就越會鼓勵談判者用直覺思考；相反地，與不確定感受有關的情緒越多，談判者就越能有系統地處理資訊[12]。不過像是快樂或憤怒這些情緒，雖然是兩個極端，卻不止有肯定和直覺處理這樣的共同點，也許最令人吃驚的相似處是，快樂與憤怒都是樂觀的情緒[13]。

　　雖然大部分的談判者通常不會把憤怒視為一種樂觀情緒，然而事實證明憤怒是樂觀的，如果你去想想憤怒的人對未來行動的思考和規劃，想到未來的時候，憤怒的人通常覺得他們可以改變未來，影響讓他們生氣的根源，或是能找到方法避開阻撓他們的障礙[14]。

　　除此之外，憤怒可以激勵我們採取行動，我們許多人都能理解那種報復折磨者之後的興奮感受，或是壓抑喜悅，冷眼瞧著密謀的倒楣事情發生在敵人身上。研究憤怒的人也發現，當下憤怒的感受與事後憤怒的記憶，兩者之間有很大的差異，在那當下，憤怒的感受是正面的，在記憶中，憤怒的感受是負面的！[15]

　　所以如果憤怒是種樂觀情緒，你會期望在談判中生氣能帶來一些真正的好處——而不光是樂觀會反映在更高的渴望上。快樂也是一種樂觀的情緒，所以談判中從你的角度來看結果，你是生氣比較好，還是高興比較好？也就是說，是生氣還是快樂的談判者能創造更多的價值？更不用說能取得更多的價值了。

## 談判時，生氣還是高興比較好？

　　歷史上，有關情緒影響談判的研究都指出，比較快樂的談判者——或者至少情緒比較正面的那些人——比較有可能創造出價值來，而憤怒的談判者通常主導了價值取得[16]，不過想想看，與樂觀、憤怒（也就是確定並且傾向直覺式）的談判者能擦出怎樣不同的火花？如果你能喚起他們的感受，認為談判不只是日常例行的經驗，你是不是就能打造出憤怒但不確定的談判者，既能感受到他們憤怒的樂觀面，又能結合伴隨不確定而來的有系統思考？

在第一項研究中，研究人員誘使一對談判者其中一人發怒，有一半發怒的談判者很確定對手的行為不可理喻，因此發怒了，另一半的談判者雖然對行為感到生氣，卻不確定這種倒楣的結果是不是特定對手所造成的[17]。

在第二項研究中，研究人員向一半的參與者暗示，談判過程是可預測的例行互動，而不是無法預料、不確定的[18]。兩項研究的結果都顯示出，憤怒一旦伴隨著不確定的感覺，就能在談判中得到更大的價值創造。事實上，憤怒但是不確定的談判者能夠創造出更多的價值，比起情緒持平的談判者，他們又比憤怒但確定的談判者表現來得好[19]。但是一般說來，憤怒的談判者都能比對手取得比例更大的資源，也正如你所猜想，不確定的憤怒談判者表現要好得多，是因為相較於憤怒但確定的談判者，他們會對談判進行比較有系統的策略思考。

不過這一切都得發生在對手不生氣的情況之下，如果雙方都同樣處於憤怒或高興的情況之下，要不是認定對方得為導致這種情緒的行為負起責任，就是根本不確定誰該負責的話呢？

結果是，情緒能夠增進價值取得的成功，而不確定能夠增進價值創造的成功。[20]

　　讓我們先來看看價值取得的影響，或者是如何瓜分資源決定的影響。比起快樂的對手，憤怒的談判者能夠取得更多價值，但是不管你是快樂或憤怒，你跟對手能創造出來的價值總量都沒什麼差別，重要的是你對情況、互動和整樁事件有多確定或多不確定。研究中，談判者對談判會如何發展越是不確定（沒半個談判者不確定＜一名談判者不確定＜兩名談判者不確定），這對談判者就能創造出越多的價值來。

　　不過關於憤怒／確定、憤怒／不確定談判者的價值創造能力，還有另一項有趣的發現，事實證明，所有可能的組合之中，能夠創造出最多價值的就是有一名憤怒並且不確定的談判者，而會創造出最少價值的談判，就是有一名憤怒並且確定的談判者！快樂的談判者能創造出來的價值，介於這兩種類型的憤怒談判者之間。

　　因此憤怒是一種可以取得價值的有用情緒，也可以促進價值創造，特別在情況不明朗的時候。除此之外，憤怒所產生的樂觀與憤怒所產生的樂觀，帶來的效果不太一樣，雖然憤怒或快樂的談判者，對於談判結果樂觀程度的評估，還有是否能夠達成的信心沒有差異，憤怒談判者的初步開價，遠比快樂談判者的更為極端，就快樂的談判者而言，他們缺乏進取的行為跟他們不想「煞風景」的想法一致，快樂的人往往會避免某些他們認為會破壞好情緒的行為或情況——因此常得不到進入談判時真正想要更多的東西。

## 體驗與表達情緒

情緒的表達傳達出重要的社交資訊，例如危險（表達恐懼）或是機會（表達快樂），談判時如果體驗到這類表達，會傳達出資訊，透露你可能的行動和行為給對手[21]，當然了，這裡的假設是你的情緒表達，能真實地呈現出你的體驗，你可以表達出你沒有感受到的情緒——或者是感受到你沒有表達出來的情緒。

這些表達的類型，對於你的談判能力會造成什麼影響？為了回答這個問題，讓我們來看看情緒的兩個層面：對你的功用（情緒的內省層面）與給對手的功用（情緒的人際層面）。

首先，情緒可以是內省的，影響你對環境以及對手的評估，比如說憤怒與指責他人有關，體驗到違逆或冒犯，並且覺得很確定。憤怒影響了生氣者的看法、決定和行為，也就是說，憤怒促使你去改變情況、消除阻礙，重新建立起先前的狀態[22]。體驗到憤怒的談判者比較有可能變得更進取、更樂觀—或許會表現在對讓步增加抗拒，或是逐步擴大要對手讓步的要求[23]。

不過生氣的談判者也許會讓憤怒給分心了，思考可能會受到損害[24]，在這種時候，談判者往往會著重在與憤怒有關的議題上，而不是與談判有關的議題，忽視了他們的主要目標—得到更多他們想要的！[25]體驗到憤怒會分散你的注意力，就算你變得樂觀，達到價值創造整合協議的可能性也降低了，你更可能會陷入僵局，特別是憤怒降低了你的動機，還有你處理複雜資訊的能力，所以找不到能讓你好過些的結果。

　　另一方面，快樂與期望正面的未來狀態有關，也與確定感或可預測性相關，你評估情況會往正面結果發展——依此做出結論，你只需要堅持到底，沒有特別的動機去從對手身上榨出更多價值來[26]。具體來說，處在正面情緒中的談判者比較願意合作，也比較沒有競爭性，這增加了他們對單純直覺的依賴，在談判中可能會導致快速合作、但卻毫無效益的協議。[27]

　　現在來看看情緒表達的其他影響——不只是對你，還有你周遭的人，像是憤怒這一類的情緒表達會影響人際關係，並且完全不同於憤怒主觀經體驗對於生氣者所產生的影響，就像表達快樂跟感受快樂的影響也不一樣。

　　首先，單純表達情緒很可能對你的想法影響不大，表現得很快樂未必能鼓勵直覺思考，就像表現得很難過或驚訝也未必能鼓勵有系統的思考，你必須感受到這些情緒才會發揮作用。不過表達情緒能達成的是，改變周遭人回應你的方式，談判者在面對表達憤怒的對手時，會更願意讓步[28]，因此表達憤怒對表態者有利，讓他們可以取得更多價值，但是對他們創造價值的能力沒有影響，這表示影響情緒表達的機制也許不同於情緒體驗的機制，按照這一點，比起表達出憤怒的對手，談判者對於表達出快樂的對手讓步比較少[29]。

很顯然地，表達情緒跟體驗情緒的影響不同，比如說，表達驚訝跟體驗驚訝的認知經驗可能非常不一樣，表達出你其實沒有感受到的驚訝，會改變對手的回應[30]，你所表達出來的情緒，影響對手似乎大於影響你自己，因此，情緒的表達是一種人際現象。

在談判中表達憤怒，某次曾經替湯瑪斯帶來好處。2013年時，他決定賣掉自己位於芝加哥郊區的房子，房地產市場很旺盛，湯瑪斯的房屋上市第一週之內就收到兩個開價，他通知兩名出價者有競爭了，雙方各自再提出修改過的出價，超過原來的上市價格。

理所當然地，湯瑪斯挑了第二回合開價中比較高的那一個，與得標的那一對簽下了銷售合約，銷售合約上規定，如果檢查後發現沒有揭露的問題，價格就可以調整，檢查過後，買方要求調整三萬兩千元，列出一堆他們宣稱需要改進的項目，舉例來說，檢查發現火爐老舊，可能很快就得換新，然而火爐的年限早就透露給買方了，從湯瑪斯的角度來看，這根本不能合理地歸納為沒有揭露，他透過房地產仲介初步談判卻沒有達成協議，湯瑪斯表達了憤怒之意（再度透過他的房地產仲介），威脅要把房屋重新上市。起初買方沒有回應，所以湯瑪斯重新把房屋上市，取消了銷售合約，幾天之內，準買家讓步了，房子以合約上的價格售出，只減去某些微調整，那個項目湯瑪斯確實不知情，也因此真的沒有揭露。

　　表達情緒不只會影響你的對手，也會影響到你，表達出你沒有體驗到的情緒需要持續不斷的認知努力，記住我們先前指出的，壓抑情緒需要認知能量，那是為了滿足談判中的資訊需求所無法得到的，因此，表達出來的情緒與體驗到的情緒狀態越是不一致，就需要更多的認知努力來維持詭計，好表達出那樣的情緒，所需要的認知努力越多，剩下能用來解決你面對談判挑戰的認知資源就越少，所以表達出來跟體驗到的情緒相同的時候，那樣的情緒既有人際也有內省的成分——需要的認知努力比較少，另一方面來說，如果表達出來跟體驗到的情緒不同——也就是不把感受到的情緒表達出來——那麼表達跟體驗就能激發兩種不同的效果，不過這種情況的認知要求，可能會導致價值創造的成就大幅降低。

　　在下一節裡，我們會看到表達出你沒有體驗到情緒的第三個問題—你會真的開始感受到那種策略性表現出來的情緒，變成真的了。

## 情緒感染

　　或許這對你來說最有利，尤其是為了價值取得，讓對手體驗到正面的情緒，不受你的情緒狀態支配，這是因為快樂的人會更快達成協議，認為世界更友善、更正面——所以要求會比較少，因此，讓你的對手處在快樂的心情之下或許會很有用，不過要怎麼讓你的對手更加正面積極呢？

　　情緒有感染力，大談判家喬‧吉拉德（Joe Girard）最清楚不過了，吉拉德大概是地球上最好的談判者之一：他名列《金氏世界紀錄大全》的最佳汽車銷售員，有部分一定得歸功於他寄送給客戶的情感信號，據說他每個月寄出一萬三千張卡片給先前跟潛在的客戶，雖然這些卡片上的問候話語不同，信息都很明確：「我喜歡你」，喬‧吉拉德如此成功可能還有許多其他的理由，很可能是因為他以積極友善的態度面對客戶，有許多研究指出，這種正面的情緒會傳播到旁觀者身上。[31]

　　情緒可以從一個人身上傳遞到另一個人身上，通常是透過潛意識模仿他人的臉部表情、肢體語言、言語模式以及語調。如果表達正面情緒可以讓人更有吸引力，影響到後續的表現，那麼像喬‧吉拉德這一類人的成功，很大程度上得歸功於他們影響周遭人的能力，以一種積極友善的態度—做的程度就連最憤世嫉俗的對手也往往不知不覺。因此流露出積極的情緒，就可以用那樣的正面態度感染他人，當然反過來也一樣，如果你表達出憤怒，你周遭的人也會體驗到憤怒。

　　出乎意料的是，這種感染力也適用於你身上，如果你策略性地表達出憤怒，隨著時間過去，你也會變得比較生氣，也就是說，你會讓自己逐漸踏入憤怒的心境。所以回想一下先前討論到的認知努力，為了表達出你沒有體驗到的情緒所需，那種努力很可能會隨著時間過去而越來越沒有效果，因為你所表達跟體驗到的情緒狀態一致性提高了，要維持這樣的差異狀態需要不斷保持警覺，因此會有自我控制的龐大需求。

　　所以流露情緒，尤其是負面情緒，會影響到你跟對手，那有沒有更好的替代方案呢？比如說，是表達憤怒還是釋出威脅比較好？事實證明，從心理學的角度來看（相對於第九章討論過的經濟學角度），把威脅跟憤怒的影響直接相比，威脅比憤怒更有效，所以雖然施行威脅可能會產生問題，而流露憤怒確實有好處，不管表達出哪一個，都有不同的成本和益處，你應該仔細考慮才是。

## 摘要

　　說到判斷情緒對於談判者表現的影響，大部份常見的道聽塗說都禁不起科學審視，所以與其憑著直覺——任由你的情緒引導——在談判中，把下列訣竅謹記在心：

- 研究顯示，與其壓抑情緒，試圖保持不動聲色，比較好的策略是去重新評估情緒，換句話說，如果你認為自己可能會受到強烈的情緒體驗，有個好策略是在經歷到那

樣的情緒之前，重新評估情況，因為壓抑總發生在情緒
體驗出現之後，那樣的談判策略比較沒有效果──因為
那會影響你解決問題的能力，也會引起對手的情感反應
──比起重新評估來效果差多了。不同於壓抑，重新評
估發生在情緒開始的時候，著重在情況的意義，以及從
對方在這種情況下的情緒反應中，所能獲得的資訊，比
如說，在談判中回應對手的威脅時，你可以試著去壓
抑，不讓你的情緒選擇逐漸擴大，又或者你可以先發制
人，把威脅看作是對手在談判中重視哪方面的資訊──
利用那樣的資訊來調整未來提案的各個面向。

• 情緒反應或情緒狀態，可以提供明智的談判者另一種資
訊來源，關於他們自身的偏好及選擇，還有種種選擇的
相對重要性。另外，引起不確定感或是與不確定有關的
情緒，最終可以改善價值創造，還有其他的情緒狀態，
像是憤怒，可以促進價值取得，關鍵在於要能左右逢源。

• 對於對手的情緒狀態要保持敏感，還有那可能會影響到
你體驗情緒的方式，感染力可能來自於流露正面的情
緒，這會增加對手同意提案的可能性，用更為積極合作
的方式看待你和當下的情況。

• 因為正面的情緒已經得到證實，可以增進共同成果的創
造，但通常與效果不佳的價值取得有關，你應該考慮有
策略地流露出你未必有體驗到的情緒，比如說，你可能

會希望在談判早期鼓舞對手的正面情緒（那時候比較有可能產生價值創造），而在談判晚期，你可能會希望表達出比較多負面的情緒，像是憤怒，好造成強硬的感覺，助長取得價值的能力。

如果你顯然沒有關於情緒反應的資訊的話，狀況會比較糟糕，但是你應該明確地去考慮那些情緒（你與對手的）對於你創造和取得價值能力的影響，你的情緒可以是互動中的資源，或是強而有力的磁鐵，吸走你的注意力和認知努力，無法應付談判互動所需。

# CH
# 11

## 力量的秘密
「得到更多」的優勢

　　如果你在某個重要談判中可以許三個願望，其中之一很可能是「擁有比對手佔優勢的力量」，在第二章中，我們討論過你的替代方案，如何才能在談判中創造出強效的力量來源—轉身離去的能力，在本章中，現在我們要聚焦於力量的系統化效果，對於你的思想、情緒以及策略選擇——不管那樣的力量是來自於你個人或是組織地位，是你手邊有的替代方案，或者是你掌控寶貴資源的能力。

　　力量通常被定義為依賴的相反[1]，也就是說，你處在更有力量的位置，比較不需要依賴其他人（或是對手比較依賴你）去取得重要資源，比如說，你的替代方案越好，你就越不依賴達成協議。

　　當然了，不管何時談判，都會有種相互依存的關係，因為要達成協議，各方都必須同意，但就算在這種相互依存的關係中，比起對手，你還是有可能相對地比較依賴或不依賴，你在當下談判中擁有的替代方案越好越多，你就越能夠也越會去要求——也就更能成功得到你想要的，所以如果你的替代方案比對手的好，相對地你的力量就更強大。

　　不過力量更強大並不能保證有更好的結果，大部份的談判者在某些時候，都有很棒的替代方案，然而卻同意了讓他們自己更糟的結果。擁有很棒的替代方式只是另一種力量的來源，還有許多其他種種，都會影響到你得到更多你想要的能力。

　　另一種力量的來源是，可以有自覺地調整並且不受特定替代方案的影響，就是你的思維模式，透過你的語言和非語言行為，你可以體驗到力量，或是讓對手認為你很強大——這樣的結果可以直接從強大的思維模式中流瀉而出。這種思維模式可以是組織中強勢地位的結果，出於你對於自己處境的看法，或是——出乎意料地——光是想著你很強大、能夠掌控自己的體驗或是命運的時刻，想想那種感覺，其他人又是怎麼看待你的！在這整章裡面，我們會檢視不同形式的力量，還有那對於你和對手行為的系統化效果。

## 力量改變你看待世界的方式

　　雖然可能不容易察覺，但是你對社交情境的反應，其實有系統且顯著地受到你的相對力量影響，不只你在有力量的時候表現不同，回應你的力量，你周遭的人也會表現得不一樣。最近的研究顯示，力量影響有權有勢者的方式主要有三種：偏好行動、失去對社會細微差別的敏感度、把他人視為達成目的的手段。

　　比較有力量的人更有可能發起行動，比如說，看看《銀河飛龍》（Star Trek）裡面的畢凱艦長，年紀夠大的讀者就會記得，他下的命令就是各式各樣的「前進！」或是「如擬！」在比較傳統的組織背景中，畢凱就是個咆哮的執行長：「把數字給我

## 力量的影響

近來有研究顯示，擁有力量的體驗在強大或無力的個人身上，會激發出不同的行動導向[2]。體驗到力量的時候，會啟動行為激發系統（behavioral approach system，BAS），這種行為系統通常與用於獲取獎勵和機會的行為有關；相反地，體驗到無力感時，會啟動行為抑制系統（behavioral inhibition system，BIS），導致高度警惕，意識到環境與社交互動中固有的風險與挑戰。

比如說，相較於無能為力者，強而有力的人通常會體驗到獎勵豐厚的環境，因此一旦啟動了行為激發系統，有力量的人更能按照自己當下的渴望和目標行動，而不會招來嚴重的社會制裁；相反地，一旦啟動了行為抑制系統，無能為力的人就更得不到資源，淪為社會控制和懲罰的對象，結果就是處在相對有力位置的人，會以獎勵和機會來評估情況，而處在相對無力位置的人，則會以威脅和懲罰來評估他們的環境（包括同樣的情況）。

弄出來！」他們都想採取行動，但是那是其他人的責任，去弄清楚怎麼符合他們的期望。強調行動的結果是，體會渴望與採取行動去達成渴望之間的反應變快許多，在談判中，我們有個很好的例子：比較有力量的談判者很可能會率先開價，展開談判，願意先開價或許與他們的相對力量有關，而不是深思熟慮地分析過先開價的成本跟益處[3]。

　　有權勢力量的人往往也會忽視社會常規，有鑒於某些有力量個體的行為，其實你很容易就會認為，要想成為有力量的人，你就必須無視於社會規範和儀典！我們有個同事講了一個關於楊‧韋納（Jann Wenner）的故事，他是《滾石雜誌》的長期編輯與出版人，跟她碰面的時候，他從書桌旁邊的小冰箱拿出一罐伏特加跟一大顆生洋蔥，在這些會面中，他常常就這麼咬下一大口洋蔥，然後從酒瓶裡直接痛飲一口伏特加一起吞下去，從來沒問過她想不想分享他的零嘴。瑪格里特和湯瑪斯體驗過另一個這樣的例子，他們看過一名資深法律教授，在分組會議她自己發表的時候脫下鞋子，擺到桌上查看鞋跟。第三個例子出現在鮑伯‧伍華德在《駝鳥心態》（State of Denial，2006）一書中，描寫布希總統在五角大廈簡報的場景，每名參與者都有幾顆薄荷糖，布希總統吃完他的薄荷糖以後，打量著並且接受了與會其他人的薄荷糖，包括參謀首長主席休‧謝爾頓將軍[4]。這類行為顯然公然違反了社會規範，而這種行為似乎是有權有勢者的權限——不過當然對社會細微差別很遲鈍，並不是他們有權力的理由，這是他們有權力的結果，人越有力量，對社會規範、禮貌儀典和日常禮節就越遲鈍，這也不表示全部有力量的人都會有這種「公牛闖進瓷器店」的魯莽行為，但是不管你在權力中立的情況之下對社交有多麼敏銳，隨著獲得更多力量，你會變得越來越遲鈍，不過你的出發點有差別！因此，對社會細微差別很遲鈍——比如偏好採取行動——不只是一種個人特質，而是深深受到個人所置身狀況或情境的影響。

　　有力量的個人也比較容易物化他人——也就是把其他人視為完成自己目的的手段，不把其他人看做是獨立的行動者，有力量的人把其他人當作是自己意願的代理人。研究顯示，高階主管匯報強調的，是其他人在階層關係中能為他們做些什麼，與他們的同儕關係相比起來，隨著權力的增加，越上位者受到他人吸引的理由，越是基於對方對於成就他們的目標有多大的用途[5]；權力也能讓決策者選擇行動，促成正面的社會或組織目標，只要這些目標是有權力行動者的目標就可以了。

　　在談判的情境中，雖然這些研究結果意味著有力量的人通常可以得到更多，事情卻不僅止於此，有力量的人能分到更多——但是他們會如何影響價值創造呢？權力的體驗不只影響了誰能在談判中得到什麼，事情令人訝異的有趣之處在此。

　　回想一下利用你和對手評價議題的不同之處來創造價值，事實證明，是弱勢的那一方（而非有力量的一方）做了必要的苦工，弄清楚哪裡有創造價值的機會；相反地，有力量的一方主要著重在取得價值，而不是創造價值。

　　現在讓我們轉換焦點：你是比較弱勢的那一方，如果你不是處在特別有力的位置（比如說你沒有很好的選擇、沒能掌控寶貴的資源、拿不出多少東西），你就沒有立場在談判中要求大部份的價值，為了彌補你對寶貴資源的掌控不足，你唯一的選擇就是努力找出不明顯價值來源在哪裡——那些加乘合併議題，能夠擴展你和對手可以得到的資源。

　　這種創造價值的動機通常跟處於相對下位的談判者有關連，而不是在上位的談判者。研究人員密切檢測了在上位與在下位的談判者，發現在下位者比較有可能提出全套方案，善用雙方不對等的利益和偏好[6]，可能的原因之一是，在下位的談判者知道，他們唯一能夠得到合理結果的方法，就是確保在上位的人能得到他們所期望的，因此那些弱勢的人必須更有創意，也更有動力去努力想出創新的方法，擴展真正共有的資源，才能與有力量的對手分享。

　　另一個生動的例子也說明了力量如何驅使行為，出現在我們談判課程中學生的策劃文件裡，被安排在上位的角色時，就連他們的策劃文件也反映出缺乏動力，沒能有系統地去思考談判中出現的機會。對於價值取得的注重，甚至可以從策劃文件的長短看得出來，字數多寡有天壤之別，那些扮演標準在上位者的籌劃文件所包含的（我很強大、我想要很多、我會得到很多），比起扮演在下位者好幾頁的單行間距作品，提綱挈領地根據在上位者的行為列出各種策略。

　　如果談判者只在乎價值創造，那麼在下位的談判者就能贏得比賽，但是價值取得才是得到更多的重點，所以如果你所處的替代方案不如對手，你會有哪些選擇呢？有沒有方法能讓你利用擁有力量的好處，而不需要真的擁有權力？

## 強大思維模式的重要性

　　考慮下列情況，有兩個人在談判，兩人都只有些許正面替代方案，雖然客觀來說兩人的力量大約相等，但是其中一人有強大的思維模式，另一個則沒有，我們可以預期在這兩名談判者身上看到怎樣的差異？

　　某項研究正好研究了這些特點（客觀來說，雙方有著大致相同的力量，但是一方受到操控，比另一方有著更強大的思維模式），結果說明了，擁有強大思維模式的談判者，比起思維模式較弱的對手，能夠取得更多的價值。

　　創造強大的思維模式比你所想的要容易多了，強大的思維模式至少可以用三種方式創造出來，第一種只需要回想你有權力主宰另外一個人的時候，第二種是你覺得外表有吸引力的時候，第三種是透過利用能量姿勢，在你的腦子與身體之間的連結施加影響，讓我們分別來看看。

首先，想想某個你有權力主宰另外一個人的時刻，你處在評價他人的地位，或者是你掌控了他人得到想要東西的能力，現在把注意力集中在發生的事情，你的感受，以及那樣的經歷是怎麼樣的，你可能會覺得事情沒這麼簡單[7]，不過回想一下第一章，還有那些關於期望影響的討論，如果你會受到他人期望的影響，那麼你對自己的期望，也可能會影響你的行為，操控大家強力（或無力）思維模式的研究結果也顯示，這種自我對話能創造出力量的三種效果：偏好採取行動、失去對社會細微差別的敏感度、以及物化周遭的人[8]。

再來，回想你覺得外表有吸引力的時候，雖然你可能會很訝異，但研究顯示，回想你覺得外表有吸引力的時刻，會影響你在談判中取得價值的能力，不過對於創造價值的能力則沒有影響。除此之外，記住自己曾覺得外表有吸引力的談判者，表現並不會比記得自己外表不吸引人的談判者好，即使他們有的替代方案比對手好，然而手上替代方案比對手差的談判者，卻能達到更好的談判成果，更勝於比較有力的對手，只要他們覺得自己有吸引力的話[9]，有趣的是，對手明明擁有比較好的替代方案，在談判中卻把他們評估的更有力量、更具影響力。

第三，考慮你在談判中的身體姿勢，你的體態影響了你的生理反應跟心理狀態，在一系列的研究中，研究人員證明了姿勢會影響你的皮質醇（壓力激素）和睪固酮（力量激素），以及你冒險的意願[10]。一進入實驗，參與者就被要求提供唾液樣本，接著他們被護送到一個小房間裡，被要求以開展的姿勢或是壓抑的姿勢坐著，過了一會兒以後，他們被要求提供另外一份唾液樣本，你媽媽說站要有站相，坐要有坐相是對的！以開展姿勢坐著的參與者，表現出比較低的皮質醇和比較高的睪固酮，那些以壓抑姿勢坐著的人，則表現出比較高的皮質醇和比較低的睪固酮。除此以外，那些處在開展姿勢狀態的人，比較有可能冒高風險的賭注，而那些處在壓抑姿勢的人，則多半會採取肯定的結果，如果你想知道開展或是壓抑的姿勢看起來是什麼樣子，請參考圖11.1。

當然了，這些思維模式和姿勢的影響，無法預防你不會感到無力，但這些是簡單卻顯著有效的短期策略，能讓你自身的思考以及行動變得更有力，而且如果你用那樣有力的思維模式加入社交場合，對手回應的方式很可能會強化你的權力感——因而創造出正向回饋循環。

就像其他許多的人類社交互動，力量並不能憑空存在，而是一種相對現象，你有力量的程度就是他人認為你多有力，或是情況給予你力量的暗示和特質——通常是社會建構出來的，你的行為結合了你的內在評估以及他人對你的回應，因此，只要你有強大的思維模式，並且從事與思維模式一致的行為，你就增加了對手遵從你的機會。

把你的社交互動——包括談判在內——想成是在兩個層面發生：水平面是聯係，垂直面是控制[11]，在聯係層面，大家通常

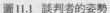

圖11.1 談判者的姿勢

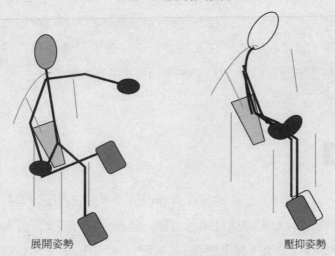

展開姿勢                              壓抑姿勢

＊ L. Z. Tiedens, M. M. Unzueta, and M. J. Young, "An Unconscious Desire for Hierar- chy? The Motivated Perception of Dominance Complementarity in Task Partners," Journal of Personality and Social Psychology 93, no. 3 (2007): 402.

會想在行為上與對方匹敵：比如說，大家在面對和善的人時，
會表現的比較和善，面對愛爭吵的人時，也比較容易起爭執；
相反地，在控制層面，大家更樂於去補足他人的行為：你恭敬
順從的表現可能會激發對手的支配行為，或者是你支配的行為
可能會激發對手恭敬的回應[12]。

　　了解表現出力量對於談判的不同影響，是善加利用力量的第一步，在下一節中，我們要探討互補對談判表現造成的意外影響——並且說明為何在某些情況下，表現出恭敬順從的樣子，比起支配的行為，更能讓你得到更高品質的結果。

## 互補

　　一方表現出支配的樣子，會導致另一方也表現出類似的支配行為，你大概經歷或目睹過這樣的情況，某方的支配行為引發出對手足以匹配（甚至超過）的支配行為，所以我們看到的是匹敵而非互補。

　　在大多數情況下，如果大家用支配的舉動回應支配行為，他們很可能處於競爭的局面中，事實證明，人在忙著努力合作時，更有可能恭敬順從地回應支配行為，而一方的恭敬順從會鼓勵對手以支配回應[13]。

　　研究顯示，談判者會以非常不同的方式詮釋跟回應某些同樣的支配行為，取決於他們對互動的定位[14]，如果參與者認為談判基本上是為了合作，他們就會把對手的支配行為當作對完成指定的任務有幫助；如果對手表現出同樣的行為，但是談判定位是競爭性的，一模一樣的行為就會被視為激進負面，阻礙了他們達成交易的能力！

　　談判是社交互動，需要個人透過分享資訊來合作，實現互利的結果[15]。在那些需要合作和資源分配的任務中，互補可以增強表現，不過在那些比較不要求合作的任務中（例如像是校對報告），互補的兩人就比較沒有明顯的優勢[16]，但是互補確實會創造出階級——而階級（即使是只有兩個人的階級）能促進協調，清楚知道誰指揮誰照辦，即使沒明講，都能讓協調資訊交換和資源分配更有效率[17]。

　　你可能會想知道，支配行為如何能促進協調，研究探討了與支配相關的特定語言及非語言行為，包括了流露出明顯的豐富表情、呈現出開展的姿勢、減少人與人之間的距離（也就是站或坐得離對手比較近）、講話比較大聲、講話比較慢、語調比較輕鬆、別人跟你說話時看著其他地方、會打斷別人[18]。

　　有鑒於協調的好處來自於互補，互補的兩個談判者，最好能夠協調互惠資訊交換，讓他們能夠發現共同價值的來源，而那些佔有支配地位的角色，能取得更多的價值，出乎意料的是，那些恭敬順從的角色其實跟主導支配的對手談判比較好，而不是跟另一個同樣恭敬順從的對手，互補的兩個人所創造出來的共有資源，遠比兩個同樣恭敬順從的談判者所創造出來還要多；相反地，處在定位為競爭互動的談判者，比較有可能用支配的態度去面對支配，在這種情況下，結果就是互補的兩個人當中，支配的那一方也會比較佔優勢，這種「支配暨支配」二人組能創造出來的價值少得多，因此各方能取得的價值也比較少，而且也正如你所預料的，如果雙方都表現出支配行為，這種競爭情勢會被視為更加競爭，比起合作情形之下的談判者，其中一方相同的支配行為，能促進協調以及後續的價值創造。

這其中的含義很清楚：你應該去配合對方的支配行為，把談判定位（或重新定位）成一種合作，因為你在乎的是價值取得，但是要這麼做，你很可能需要受過大量的訓練，如果對手表現出支配的行為，你應該以恭敬順從的態度回應；如果對手表現出恭敬順從的樣子，你應該以支配的態度回應，這麼做可以增加談判中能夠創造出來的價值總量—如果你夠幸運，是那個表現出支配行為的人，你也能夠取得份量相當多的資源，比起如果雙方都支配或都順從的時候。即使你必須表現出恭敬順從的樣子來回應對手的支配，你最終能取得的價值還是會好得多，比起試圖用支配的態度去匹敵能得到的更多。

## 模仿

相對於控制或力量層面的互補，有效增進你與他人聯係關係的方法之一，就是透過模仿，人類往往會模仿或是巧妙地仿效他人的行為，包括言語模式、臉部表情、言談舉止[19]，模仿時你可以得到正面的回應，情侶越是互相模仿，就越覺得與彼此同步一致[20]，上菜的服務生在言語上模仿顧客，會比沒有模仿時得到更多小費[21]，那些被模仿的人，更可能會做出後續針對模仿者的利他行為[22]。

雖然證據顯示，人類在不知不覺中，往往會模仿對自己重要之人的言談舉止，但是某些人比其他人更有可能去模仿，有強烈動機與他人融洽相處的那些人，據觀察比較會去模仿他們的社交夥伴[23]，在不經意中把自己的行為與社交環境中的人同步是一回事，但是把模仿用在勸說或誘惑上，則是完全不同的一回事。

成功、刻意的模仿需要反映出對手的行為——但要稍微慢一點，如果他在椅子上坐直身子，那就等個一或兩拍再照做，如果她翹腳，那也一樣，等一會兒再回應。模仿你的對手但不用十全十美，而且還要稍微延遲一點，模仿得太接近，人家就會發現自己被仿效了——而對於這種看法的反應通常是負面的，這種效果甚至在電腦生成的人物化身模仿上也看得到，人物化身比較容易看上去熱情而真誠，只要人物化身能夠稍微延遲地模仿人類的行為[24]。

如果做的巧妙，模仿可以幫助你在談判中得到更好的結果，模仿對手言談舉止的談判者，更有可能創造出更多的價值來，模仿者也可以取得更多創造出來的價值。有趣的是，比起對手沒能有策略地模仿，被模仿的人並不會更糟，但是雙方所創造出來的額外價值，會由模仿者得到；此外，只要被模仿的談判者沒有發現自己受到這種方式的操控，他們會更加信任對手[25]。

## 互補與模仿

互補與模仿乍看之下似乎是矛盾的觀念，我們在討論互補時，建議你要與對手互補——表現出恭敬順從來回應支配，或者是以支配來回應對方的恭敬順從，接著我們建議你模仿或是與對手的行為匹敵，顯然這兩則建議不可能都說得通——還是可以呢？

瑪格里特與共同研究者設計了一項研究，想要找出模仿還是互補是比較好的談判策略，有些參與者得到指示要表現出支配行為，他們的對手則得到指示，要表現出順從的行為，藉此創造出互補[26]。另一組參賽者則被指示要在談判中模仿對手的行為，看看模仿會有什麼影響。

結果證明，模仿能夠非常有效地促進談判對手之間的喜愛與信任，讓談判者之一模仿另一名談判者的行為，通常可以達成相當快速的合作協議。不過模仿的效果取決於你模仿了什麼，舉例來說，如果對手有支配的行為，而你模仿了這樣的行為，你們個別和共同的成果會有系統地變差；如果對手的行為比較恭敬順從，模仿了那種行為，也會減少你們兩人所能創造出來的價值。

相反地，你也可以模仿其他行為，增進對手對你的喜愛與信任——也因此願意分享資訊。比如說，你可以模仿對手的口音、言語模式或是臉部表情——有相當多的證據顯示，你總是在模仿周遭他人的行為[27]，你越有動力想與他人融洽相處，就越會去模仿他們的行為，比如說，研究人員發現，情侶之間默契好不好，與他們在社交互動中模仿發生的次數多少高度相關[28]。

　　談判者知道要模仿夥伴的言談舉止，包括仿效姿勢和身體動作，同時要確保模仿得神不知鬼不覺，不能引起對手特別注意，這樣就更容易成功達成協議——這裡所說的談判包括了負議價空間！因此一般來說，不僅更容易產生協議，即使被模仿的一方會因為協議而更糟，還是一樣比較有可能發生。此外，買方在談判中模仿賣方，會被賣方認為比較值得信賴——而正是這種增加的信賴感，解釋了賣方增強的成交意願[29]。

　　為了決定在談判中何時該模仿、何時該互補，首先重要的是把互動定位為合作，接著依照支配和順從的表達，進行互補：如果對手流露出順從的態度，你就表現出非語言的支配行為，如果他們表現出支配的行為，你就流露出順從的態度。第三，模仿對手其他非身份地位導向的行為，包括口音、說話時的抑揚頓挫、情緒基調、身體姿勢等等——但要確保你的模仿夠微妙，能逃過他們的注意力。這麼做可以讓你結合互補在價值創造上的好處，以及模仿在關係上的好處，增進信賴、喜愛和達成協議的意願，能夠把你跟談判對手所創造出來的價值擴大到極限，同時為自己取得比較多的價值。

## 憤怒：有力量者的情緒

　　力量不只會影響你的行為，也會影響你表達出來的情緒，某些情緒比較有可能由有力量或是無力者表達出來。看看這樣的情況，一個有力量的人跟一個無能為力的人在某項計畫中的進度卡住了，有力量的人多半會用憤怒來回應，相反地，無力——或是比較沒有力量的人——要是遭到阻礙，情態情緒體驗會是悲傷、內疚或挫折，但不會是憤怒。

　　大多數人普遍認為憤怒是負面情緒，而快樂是正面情緒，然而回顧近年來有關憤怒的研究，比起快樂，憤怒與想改變情況的渴望有更強烈的關聯[30]，事實上，研究人員調查了腦部活動模式與憤怒的關聯，發現有一種模式，很類似在奉行渴望者身上所發現的[31]，此外，憤怒的人也會體會到掌控和確定感的增加，對於所面臨的風險做出更為樂觀的評估。相反地，恐懼的人則會體會到掌控和確定感的減少[32]。

　　正如有力量的人，憤怒的人不會被自己的憤怒所矇騙，以為他們只會體驗到好的結果，事實上，他們完全預料到將來要面對負面結果或者是挑戰，差別在於，雖然生氣，這些人預期他們偏好的結果終將佔上風，憤怒似乎激發了自我強大有能力的感覺；除此以外，憤怒的人更有可能對未來抱持樂觀的期待[33]。

　　憤怒的效果並不僅限於個人對於未來的預測，憤怒、有力量的談判者，更有可能會憑直覺處理資訊，而不會停下來考慮社交互動中比較細微的枝節，或者是另外的觀點[34]，他們會迅速地採取行動，再慢慢地（如果有的話）考慮自己行為或要求的影響，他們會滿懷信心地迎向挑戰，樂觀地認為自己可以控制結果，因此事情很快就清楚了，憤怒是一種與力量相關的情緒——有助於先前所描述的正向回饋循環：如果你有力量，你就比較有可能體驗到憤怒，在憤怒中，你會覺得比較有掌控權，對未來比較樂觀，也會更迅速地採取行動來改變現狀，更確定自己有能力可以佔優勢，這些感覺全都會導致力量的體驗增加。

　　這些有關憤怒的描述也許違背了你曾經有過的體驗，我們在考量憤怒這種情緒時，不是指那種爆炸、激烈，或是長期「生氣中」的狀態，與增加的壓力相關失調有關，像是冠狀動脈心臟病[35]，相反地，研究對象中的憤怒是那種低強度、在特定情境中受到控制的情緒表現，是冷酷而非滾燙的，絕對不是失控氣到哭出來、暴戾亂丟東西那類的情緒，事實上，那類情緒通常與挫折有關，而不是跟力量相關，其他人對這類情緒表達可能會有的聯想，通常與力量或控制無關。

　　掌權者更有可能感受到「冷酷」而非「滾燙」的憤怒——也更有可能表達出憤怒，這是否表示，如果在談判中表達出憤怒，其他人就會認為你更有力量？結果證明，表達憤怒通常會增加他人歸諸在你身上的地位或力量[36]，不過如果你顯然是個沒有力量的人，表達憤怒並不會讓評估者把你評價成比較有力量，但是你若擁有適度的力量，這樣的表達會增加他人給予你的力量，如果你相對無力，這樣表達憤怒很容易激起比較有力對手的反彈。

正如你所預料的，其他人對於男性或女性所表現出的憤怒會有不同的反應及歸因，男性表達憤怒會被視為比較有力量，但女性若想得到同樣特質的力量，表達憤怒還得加上憤怒的理由才行；也就是男性可以表達憤怒就被視為有力量，而女性如果光是表達憤怒，就會被視為比較沒有力量。在流露出憤怒的時候，如果是女性，明確地解釋妳為什麼生氣，可以大幅降低他人歸因妳失控的可能性，並且增加力量的特質[37]。

## 力量、憤怒與談判

在第十章裡，我們談到情緒在預測價值取得上的重要性，也強調重要的是把互動中的不確定，視為價值創造所必需先驅，能帶來有系統的思考。現在，讓我們把這些觀念整合起來，用來理解力量（或是缺乏力量）和表達憤怒是如何影響了談判者。

最近有項研究，有一半的組合中，憤怒的是在上位者，另一半裡面，生氣的是在下位者[38]。在上位談判者的結局，應該不會讓你感到驚訝：在上位者要求並且得到了交換中所創造出來的大部分價值，在上位又外加憤怒，這些談判者變得更有效率，因此能夠取得更多的價值，產生這種效應的原因是，在下位的談判者會受到憤怒（並且在上位）對手的負面影響，他們會失去焦點，更可能在有利對手的事情上讓步。

　　由於憤怒的樂觀效應加上在下位者所體驗到的不確定感，不知道在上位者可能會做出什麼，有個憤怒的在上位者也會增加雙方的價值創造能力，對於在下位的談判者來說，在上位對手表現出來的憤怒，增加了他們的不確定感，這似乎激勵他們去達到更高層次的價值創造，而正如你所預料的，大部份創造出來的價值都被在上位者給拿走了。注意，至少有一方憤怒的時候，雙方都能得到更好的結果，即使憤怒的一方是在下位者，也能為彼此都帶來好處，能比談判者雙方都持平的時候，創造出更多的價值來。

## 摘要

　　在本章中，我們著重在有力量和沒力量時，對於談判策略和成果所造成的影響，研究指出，有力量的談判者有偏好採取行動的傾向（比如說更有可能會率先開價），他們比較不會去探索創造價值的機會，對於社會細微差別也比較不敏銳，也更有可能會把談判對手當作是達成自己目的的手段，而不是解決手邊問題的機會。

　　雖然這些傾向在某些情況下是有益的，但有時候卻不能幫在上位者得到更多他們想要的——甚至可能不利於結果，比如說，把我們在第七章裡關於首次開價的建議，結合你現在已知有力量一方可能的行為，有力量的人多半會先開價，這對他們是有利的，如果定錨對手的效益主宰了他們可能得到資訊的價值，又假設對手會先開價的話，然而因為有力量那一方偏好採取行動，他們不可能花時間去考慮先開價有沒有利，會就這麼動手先開價。

　　有在上位者跟在下位者的談判二人組（或是後來研究中發現的支配者跟順從者），談判能夠達到比較高層次的價值創造，比起有著兩個在上位／支配者、或是兩個在下位／順從者的談判二人組來說，尤其是在談判被定位為合作的時候，因此，對於在上位跟在下位者來說，力量有其缺點，同時也會帶來一線希望。

- 找尋比較沒有力量的對手，你可以增加在互動中創造顯著價值的可能性，也能夠取得大部分創造出來的價值。
- 如果你的目標只是想達成協議，以非語言模仿對手親和的行為是個有效的策略。
- 如果你的目標是取得價值，那麼你應該配合對手控制導向的非語言行為，如果他們的行為持平或是順從，就以非語言的支配行為來回應；如果他們表現出支配行為，就以非語言的順從來回應。
- 如果你認為你的替代方案沒有吸引力，試著用上強大的

思維模式，要是成功的話，可以提供必要的催化劑，創
造出上面所描述的互補，只要回想一下你曾經有力量的
情境，就能控制局面，也覺得自己外表有吸引力。

- 明智且有策略地使用你的憤怒。比起那些流露出悲傷、
內疚或是挫折的人，憤怒的人往往被賦予更多地位，或
是被視為更有力量。

- 如果是女性，請確保表達憤怒時伴隨著明確的理由，說
明妳為什麼生氣。

# CH
# 12

## 多方談判
### 更複雜與多元的談判幕後

到目前為止，我們的重點都擺在兩個人之間的談判，雖然許多談判都發生在你跟另一個對手之間，但即使只有兩方利益的談判，也會有某方是單獨一人或是成員眾多的團隊。來自團隊的談判並沒有那麼不尋常，比如說，你家人正跟你兄弟姊妹的家人碰面，為你們年邁的雙親挑選居家設施，或者是你想拿到興建穀倉的許可，而這需要由好幾名成員組成的區域委員會同意，又或者像是你跟團隊提出一項新計畫的建議給公司裡的高階主管團隊，或是剛成立的創業公司管理團隊與創業投資公司開會，討論他們資助新創事業的意願。

在這些情況下，有時候你會以個人的身份去跟多人對手談判，有些時候則是團隊對團隊的談判，雖然這仍舊算是雙方面的談判（只有兩方），有多人代表一方大大地增加談判的複雜程度[1]。

具體來說，如此一來就有必要協調規劃的過程，了解並整合團隊成員的偏好或利益，並且研擬出凝聚的談判策略加以執行。當然了，談判中不只有兩種觀點時，複雜程度也會增加，如果覺得兩個團隊之間的談判似乎很複雜，想想三方或是更多方談判的困難度，你得跟多人或是團隊談判，而每個人都有一套不同的利益考量，為了簡單起見，我們首先考慮的是團隊談判的基礎，在本章最後，我們會描述一些比較複雜的場景，是在面對多方團隊時可能會碰上的。

## 團隊談判的挑戰

相對於個人在談判之前就該做好的籌劃，團隊會面臨更多困難，比如像是誰的聲音會被聽到，又該如何考量個人的利益。為了談判成功，在團隊內部的談判過程中，團隊必須確認並且整合成員的偏好和優先順序；除此之外，在真正談判時，團隊成員必須協調行為，充分利用團隊的潛力來取得價值。最後，因為團隊通常比個人更具競爭力，往往會不經意地使談判變得更加敵對──這種事情，團隊隊友一定要在坐上談判桌之前就計畫好[2]。

團隊成員或許沒有意識到彼此之間利益和偏好的差異程度，尤其是有些團隊成員，可能不願意為他們相衝突的偏好發言，在心理上，團隊成為認為彼此之間跟非團隊成員比起來，有著更多的相似之處，如果未經證實，這種假設可能會造成麻煩，雖然成員資格的標準，或許會在某些方面創造出相似之處，例如像是組織所屬單位，但光靠團隊成員資格，並不會自動產生一套共同的偏好和利益。

在談判之前，無法認清並解決團隊成員之間的內部分歧和衝突，會造成一些危害嚴重的後果，團隊成員對於團隊的認同會降低，而且因為他們無力解決內部衝突，成員也無法達成內部共識，無法決定他們想達到什麼，或是想用什麼樣的策略和戰術，在即將到來的談判中來達成目標。團隊成員所面臨的挑戰是要打造出協議，對手則是另一個團隊的成員，他們處在爭奪的同一端，但是可能有著非常不同的期許，關於議題、策略，以及怎樣的成果才能構成可接受的協議。

在準備階段，了解團隊成員在偏好上的一致程度很重要，也許全部成員都有完全相同的偏好和優先順序，對於他們的替代方案、保留價格跟渴望價格，看法也完全相同，若是如此，那麼團隊成員之間可能很少會有內部衝突——準備的過程中，大概除了安排會議時間有些困難以外，大致就像是個人的準備。

但是如果團隊成員對於何謂好交易的看法非常不同——甚至相衝突呢？要是有了內部衝突，成員對談判的期望、想達成的不一致——他們的渴望價格、保留價格、偏好和優先順序——那該怎麼辦呢？在這種情形之下，達成內部協議可能會很困難，雖然很少有談判領域的研究明確調查過團隊內部談判的挑戰，我們可以從團隊為基礎的研究中，了解團隊裡的談判者會面臨怎麼樣的挑戰和機會[3]。

偶爾你會有機會挑選團隊、參與談判，但大多時候，比較有可能的情況是成為現有團隊的一員，已經分配好談判任務了，這種差別很重要，因為團隊成員常常天真地認定，就因為在爭奪中處於同一方，大家的利益就是一致的——不管團隊成員的社會人口特徵有多類似（比如年齡、種族、族群、在組織內的任期、性別以及其他類似的標記），或者是背景有多相像（比如教育、專業、經歷或是地位），由於期待自己跟其他團體成員之間，在觀點和意見上會有比較多的相似之處[4]，他們可能比較不願意表達不同的意見，而事實上卻會出現不同意見。有關群體迷思的研究證明，同質性會減低個人對於分歧的敏感度——但不是因為沒有不同的意見，而是因為成員會主動審查自己對於不同意見的表達[5]。

群體在對團隊來說重要的層面同質或相似時，比起不同的群體來說，成員比較有可能會相信彼此的看法類似，即使兩個群體的看法完全一樣[6]，更重要的是，研究顯示，團隊中的個人相信他們比較有可能贊同團隊中的成員，就算團隊成員的資格基礎跟所尋求協議的議題毫不相關[7]。

這種對相似處的選擇性理解，造成了研究者所稱的同質錯覺，相信團隊成員會有比較相似的信念、渴望和目標，而不是客觀評估所指出的[8]，同質錯覺反映在團隊對於內部共識的信念，從而產生的虛幻共識，引導提案，卻不符合某些（甚至於全體）團隊成員真正的偏好跟優先順序，這種錯誤的搭配，有時候只有在外部談判時才會凸顯出來。

團隊成員之間的相似處越明顯、越在表面層次（人口統計類別資格或是專業背景和專業知識），成員就會越期待彼此的目標和偏好有共識（深度層面），不過表面層次的相似會掩蓋掉深層的分歧，在團隊成員努力想要達成的理想或尚可接受的結果時，個人通常會期望表面與深度特性能夠和諧一致，因此相似的人會被認定擁有相同的偏好，不同的人則被認定擁有不同的偏好，團隊成員從表面層次推論到深度層面的相似之處時，他們預期衝突不太，大多一致；相反地，光是出現表面層次的差異，就會增加不確定的感覺，提升衝突的預期，激發更加詳細又有系統地搜尋獨特或能辨別的資訊[9]。

團隊夥伴之間的表面差異，會改變團隊成員預測他人利益和偏好的信心，研究人員發現，預期要跟自己不同的人互動時，更有可能會讓人去從事比較有系統的資訊處理，試圖去了解他人的看法[10]。這種期待造成了更為詳盡仔細的行動計畫，實際上，預期要跟不一樣的人合作，更可能會讓人去尋找獨特的資訊，而面對類似的人時，則比較有可能會去討論自己與對手資訊的共同之處[11]，這些額外的詳盡資訊和籌劃，能讓成員參與會議時準備充分，清楚說明自己的偏好，以及偏好的依據為何。

團隊的內部衝突如果無法在談判展開前解決，成員就會面臨一項困難的抉擇：是要盡量擴張個人的利益，還是讓自己的利益臣服在團隊利益之下。衝突懸而未決，同時卻又發生在跨團隊談判本身，降低了團隊發展出共同認知的能力，阻擋了團隊中的資訊共享[12]。此外，經歷這種內部衝突的團隊，比較沒有能力執行有組織的集體行動，無法在談判中執行團隊的策略[13]。最後，經歷過內部衝突的團隊，成員對於談判結果跟其他團隊成員都比較不滿意，因此從團隊的觀點來看，顯然你會想要確保團隊的利益儘可能與成員的利益一致，分配時間和必要的努力去準備、籌劃和執行成功的談判過程，這是有效團隊表現的關鍵前提。

　　個人會開始偏袒自己的團隊成員（然後排擠非團隊的成員），即使他們是根據無關緊要或隨機的差別被指派在同一隊[14]。在一項研究中，參與者看到一張投影片，上面有很多點點，然後要求他們個別估計投影片上的點點數量，實驗人員接著隨機把每個人分派到「高估點點數」跟「低估點點數」兩個團隊，就算是隨機分派，大家還是很快就開始區分兩組人馬的不同之處，這些界限一劃分出來，很明顯地發展出「我們對抗他們」的分歧——某組中的成員對另一組成員的行為表現也改變了。

　　組裡的成員不只偏袒自己組裡的其他成員（組內），也會懲罰其他組的成員（組外）[15]，因此，組內跟組外成員的存在增加了整體互動的競爭性[16]，這就是所謂的不連續效應[17]，因此第一件你可以確定的事情，就是只要有團隊出現，談判就會比較競爭。

　　團隊的競爭傾向，有部分或許是因為出現另外一個團隊所導致的，不像同一個團隊裡的成員，會認定彼此有類似的目標、利益、偏好，對面的談判者來自組外，你的團隊比較有可能做出相反的假設，預期談判者之間互不相容。你的團隊在這樣的假設上所付出與維持的力道，會讓談判更加敵對（而不能解決問題），也許就跟團隊預期內部同質性一樣，都會損害有效的溝通。

　　隨著團隊的規模增加，議題數量也可能會變多，還有關於議題的看法，以及光是各方需要考慮的資訊量，都會增加，要去記錄實際的資訊，還有團隊中每名成員的價值、態度和看法，是一大挑戰，把這些數量龐大的資訊整合成一個最理想的解決方案，是一項非常費力的任務，因為議價空間由雙方面變成了三方、四方、五方甚至於更多方。

因此面對團隊對手的談判者，常常會淪為資訊超載的受害者，由於談判者很努力應付這些複雜的資訊，他們可能會擔心後悔接受了協議，事後判斷卻認為沒那麼理想[18]，談判者越不清楚對手跟潛在交易的全貌，就會經歷到越多的事後猜測跟懷疑，而增加的懷疑很容易就會導致更多談判僵局。

## 團隊談判的優勢

雖然與團隊談判會產生很多挑戰，但也不能否定團隊——尤其是運作良好者——常常比個人更能夠產生想法，發展出有創意的替代方案，因為團隊中的成員可以匯聚資訊，確認並修正團隊中搞錯的假設和判斷失誤，他們或許更擅長於打造提案，比個人更能夠創造價值[19]，團隊能想出有創意的方法，來解決雙方所面臨的問題，這是個別團隊成員從不同角度來解決問題所能夠促成的。

其次，有多名成員可以幫助團隊更有效地分配必要的談判任務，想想一名單打獨鬥的談判者所需要的溝通，她必須要能夠傳達提案、傾聽他人的提案，評估另一方呈現資訊的真實性，考慮該挑選哪些資訊來與對手分享，哪些資訊又該保留不提，她得弄清楚如何整納入新資訊、調整現有的提案、知道何時該答應。擁有多名團隊成員可以負責這些任務（比如說部分的資訊處理和溝通需求），讓團隊在收集和處理資訊上更有效率，然而要實現這樣的潛能，需要額外籌劃，才能依賴團隊的獨特優勢。

## 權衡團隊談判

　　就像談判的許多層面，與團隊談判沒有所謂最好的辦法，團隊有潛力增加價值創造，如果他們能夠克服協調的挑戰，以及「我們對抗他們」的強烈心態。把談判視為創造價值的機會，能夠提出提升價值的結果，需要的不只是一群人共同聚在談判桌的某一邊，而是團隊成員必須有系統地評估自己和對手的偏好，同時也要發展策略，充分利用自己的能力來創造和取得價值，善用團隊所能提供的認知資源。

　　團隊談判的挑戰會顯得格外重大，如果團隊成員不是特別嫻熟的談判者，或者沒什麼共同合作的經驗，可能發生的狀況是，協調的挑戰對於團隊成員來說太困難，無法克服，試圖談判時他們其實會絆住彼此。對於沒有經驗的團隊來說，他們很可能會被對手認為比較不可靠，一舉一動都會增加對手的不信任，相較於個別的談判者或是有經驗的團隊來說，他們會被認為比較愛競爭而不願意合作[20]。

擁有談判專業知識的團隊會被（對手跟他們自己）視為比較有力量，相較於也受過訓練但是個別上場談判的對手來說，能產出品質更高的解決方案，因此由受過訓練的談判者所組成的團隊，能創造出更多價值、取得更多創造出來的價值，這麼做的同時，也會被視為願意合作又值得信賴。

熟練的談判者更能夠擴充可以得到的共用資源，並且取得那些資源中比較多的一部分，熟練的團隊也有同樣的優勢，相較於新手團隊，與熟練的個別談判者競爭時，熟練的團隊談判者能取得比較多現有的資源，當然了，如果以個別成員為基礎，去評估團隊取得價值的能力，合併效果可能就沒那麼令人印象深刻了，也就是說，平均而言，熟練的三人團隊並沒有比熟練的個別對手好上三倍。

即使考量到團隊增加的價值取得潛力，每個團隊仍然需要協調他們的策略與行動，好達到這些卓越的結果，或許團隊陷入困境的主要原因之一，尤其在談判當中，就是他們缺乏明確協調的「該誰」、「如何」、「什麼」，無法在展開談判時執行策略計畫，雖然研究人員在過去六十年以來，反覆強調組內準備的重要性，卻很少有談判團隊會去籌劃準備，找出能夠協調自己行動的方法[21]，做不到這一點不只是談判團隊特有的失敗，一般而言，團隊通常很擅長分析詳究任務，但往往沒辦法考慮到要怎麼協調片段的解決方法，將之化為有組織的整體[22]。

　　為了善用團體談判的好處，團隊應該進行三步驟的準備過程[23]，第一個步，團隊成員在談判前應該好好聚集，討論談判的主旨內容，討論中最起碼應該要包括腦力激盪的過程，確認談判中應該提到的議題。

　　接著團隊成員應該評估這些議題的優先順序，以及議題之間的交易潛力，在這個時候，重要的是成員的看法要能被聽見，關於他們認為各項議題在高品質協議上的貢獻是多是少。有些團隊成員也應該被指派，去從對手（團體或個人）的觀點來看——實際上，就是從不同的角度來反映出籌劃的過程，他們會想討論哪些議題？對手會怎麼安排這些議題的優先順序？一旦確認好議題，這兩個小組應該找出替代方案、設定保留價格和渴望。

　　第一階段的最後一點，就是確認團隊有關對手的假設——他們想要什麼，又可能會有什麼行為，接著團隊應該建立方法來測試這些假設——比如說，深入他們的社交網絡，找有見識的人驗證他們的期望——也可以釐清需要補充和證實的資訊。

　　第二階段是團隊準備所特有的，團隊應該評估成員的技能，指派談判中特定的角色，誰對考慮中議題的技術最為熟練？成員過去有什麼談判的經驗？成員中是否有人擁有完善的聆聽技巧或是表演能力？有沒有人精於推動跟導引談話？

　　一旦確認了這些技能，成員應該被指派特定的角色，就像在一齣舞台劇中，團隊成員在談判中應該有要扮演的角色，誰該扮演團隊領導人、首席談判者、關係分析師、時間管理員、數據權威、或是黑臉警察跟白臉警察？

第三階段需要團隊計畫該如何展開談判，從決定先開價或是後開價開始，成員需要知道該如何讓步，誰該監控與對方分享的資訊，該如何不動聲色地召開小組會議，一旦出現了全新或迥然不同的資訊，或是出現內部分歧之時；此外，必須留意維持提案的整體性，不要發展成議題對議題的談判過程，除了這些以外，還要維持精確記錄進展。

就算是最積極熟練的團隊，全體成員也有可能無法完全贊成某項提案，因為團隊成員也許對於議題的排序看法不同，無法針對達成他們偏好結果的策略取得一致意見，如此一來，團隊就必須建立出協議的方法，比如像是多數決或是共識決，要是缺乏這樣的機制，來自團隊談判某方或雙方的個別成員，可能會恢復用另一個方法來盡力擴大自己獨有的利益，通常是在團隊內部談判的情境下所使用的：他們可能會加入小組，形成有政治力量的聯盟來改變比較大的團隊或爭論者，讓對方接受某個特定提案或結果。

## 結盟：誰去誰留？

聯盟就是由多方組成的小組，合作取得符合聯盟成員利益的結果，不顧那些不在聯盟者的利益，透過結盟，團隊的個別成員可以創造出能主導的支配小組，合作取得符合成員利益的結果，而不管那些大組或團隊的利益[24]。聯盟在有兩個以上的談判者時就有可能形成，即使這些人代表了交易的雙方，也就是說，聯盟可以在某個特定團隊的範圍之內形成，也可以由不同團隊的成員組成，即使他們正與彼此談判中，不論哪種情況，勝出的聯盟成員都有可能得到更多他們想要的，比起在他們隊友或是對方得到最大利益的情況下來說。

聯盟一開始通常是由某個創始人發起，以保證跟允諾資源來招募他人，在初期發起或加入聯盟有其風險，因為創始人和早期加入者，都不確定聯盟是否能獲得足夠的關鍵群眾來獲勝，由於這樣的不確定感，創始人通常得提供不成比例的資源來誘使早期的夥伴加入，至少在聯盟穩固之前都是如此[25]。

注意這裡有個聯盟有趣的地方——他們的關係是透過盟友談判合作協議的過程而建立起來的，或者是由瓦解潛在敵對的談判過程而來。潛在的聯盟夥伴是那些利益能共存，願意考慮促進信任和共同義務關係的人；更重要的是，這些潛在的聯盟夥伴之所以受到某個特定聯盟的吸引，是因為成員資格所提供的好處，是其他聯盟或個人行動無法實現的。

聯盟能獲得力量，是因為其成員所掌控的資源，力量的反映之一就是聯盟的排他性，有越多人受影響加入聯盟，能加入的機會越少，聯盟與其成員的力量就越大。

　　聯盟不只有排他性，聯盟存在是因為他們有潛力實現成員的目標，他們或許能阻止更有力的對手，或是能掌控關鍵的資源（選票、金錢、解決方法），能達成共同的目標（就像議會制的政府）[26]。

　　個人在聯盟中的力量可以是策略的、標準的或是關係的[27]。策略力量是典型的力量形式，源自於擁有另外可供選擇的聯盟夥伴，那些受邀加入其他聯盟的人，會被同僚認為比較有力量；標準力量是基於各方認為公正或公平的機制，來分配聯盟能控制的資源，標準力量也可以用於策略功能，因為提出怎樣才算公平分配原則的那一方，通常也會提出有利於自己特定利益的分配準則；最後，基於關係的力量，是來自於聯盟成員兼容的偏好，各方認為彼此擁有兼容的利益、價值或偏好，關係就有可能維持上一段時間，足以影響或阻止其他可能的聯盟。

　　在實證試測中，關係的力量是最有效的，如果談判者想被包括在最終的交易裡，想要取得更多價值的話，這都會影響到聯盟的形成與穩定性。來於自聯盟外部各方的阻力，往往會增強聯盟成員之間的聯繫，讓他們更有可能認同彼此、繼續合作，與非聯盟成員競爭，因此聯盟最初形成若是因為關係的力量，就比較有可能產生廣泛的效果，甚至影響到那些聯盟成員偏好不兼容的議題。在本質上，這種力量降低了未來被排除在外的不確定感。

## 增強有效聯盟的策略性思考

有關團隊的研究證明了「首先倡議效應」的重要性，面對團隊談判時，了解這一點很重要，這是一種定錨的形式，影響發生在某名團隊成員針對有爭議的議題早早提出了立場，聽到這樣早期的立場聲明，猶豫不決的團隊成員的立場方向會受到影響，那些抱持相反立場的人比較晚開口，一定不能只有陳述自己的論點，還得要抵消這個早期主張的影響，這讓他們任務更加困難了。以差不多同樣的方式，積極的談判者知道聯盟策略的好處，更有可能早早成立聯盟，一確認潛在夥伴就開始取得他們的承諾，一旦取得了最初的聯繫，那麼聯盟雙方的成員，就能去找出並且招募另外的成員，直到達成必須的規模或影響層面為止，這種策略功課要儘早達成，通常是與潛在的聯盟夥伴一起，找到有價值的合作夥伴——開始建立起強大的聯盟——越快越好。

聯盟中最有力量的成員，就是獲勝聯盟中的邊緣成員——也就是這個人的參與，能夠擴展聯盟的規模，達到足以實現目標的程度。看看政治小黨的力量，在聯合政府中，少數幾席會讓非主流政黨成為過半所必須，讓該黨得以掌控，在這種政治環境中，相對於少數黨可能代表的選民人數，顯然它可以透過結盟取得相當多的資源。

取得聯盟成員資格並沒有什麼特殊之處，這也是一種談判，考慮潛在成員的利益，看看聯盟有哪方面能讓他們的結盟更具吸引力，畢竟就像個別的聯盟成員，聯盟本身也有兩種形式的力量：聯盟對潛在成員有多大的吸引力，以及聯盟阻止其他競爭聯盟的能力。讓聯盟有吸引力的是掌控資源的能力，因此，想想聯盟成員資格對比較弱的一方有多麼大吸引力，如果他們是成員，就可以依賴比較強的聯盟夥伴，為他們而戰。

在策略上，聯盟成員最好要考慮如何阻止競爭的聯盟，或是競爭聯盟中，哪個成員最容易背叛，因為聯盟通常被視為暫時過渡的，比較沒有力量的成員也許會被具歷史和有未來的聯盟所吸引，或者是受到成員之間重視穩定度的聯盟吸引，在考慮新成員時，也要留意方法，各個擊破競爭的聯盟。

為了讓你的聯盟對新成員更有吸引力，利用潛在的關係，創造出未來的感覺，聯盟往往被視為是暫時過渡的關係，一旦做了決定或完成分配就會煙消雲散[28]，這似乎完全可以理解，如果聯盟的基礎只是議題而已，你們解決了爭議，分配了產生的資源，然後解散聯盟（以及你們的義務），但是如果聯盟的形成不是由於暫時過渡的議題，而是因為真正或潛在的關係，還有那些關係所意味的共同性，那麼聯盟很容易就能超越特定議題，在挑戰解決之後依然存在。

## 摘要

　　團隊談判提供了創造價值與取得價值的獨特機會——無非是為了讓團隊有更多的認知資源能夠導向這些目標，然而為了實現團隊的潛力，談判者也必須對某些不尋常的挑戰保持敏銳，這主要是因為個人在團隊情境中看待自己的方式。

- 身為團隊的成員，會增加成員之間相似的感覺，凸顯出來，雖然這種相似通常包括了類似的目標，但是比起同樣的團隊成員資格所反映出來的，個別成員的偏好跟優先順序可能很不一樣。

- 強調團隊中預期會有相似性，可能會導致團隊誤解成員的真正的偏好和優先順序，在籌劃準備談判時，這種同質錯覺可能會造成團隊成員必須選擇為了團隊而隱藏自己的利益，或是誠實面對自己的利益，讓團隊內部的分歧在談判中浮上檯面。這類不同的意見可能會以爭議的形式出現在團隊成員之間，行為在公開或無意之間妨礙了團隊的策略，或者是與對手一致，削弱了團隊達成目標的能力。

- 團隊成員常常有動力去贊同團隊成員，但是卻無法延伸到團隊之間的互動上，對手是團隊時，通常也會增強對立的敵對概念，在目標、價值、優先順序和偏好上都是，比起把團隊對手視為與自己有相對跟相同的利益，你更有可能把團隊對手視為少有變化的單一龐大組織，偏好完全與你對立。

- 自己的團隊內若是有著誇大的共通性，潛在的破壞力就像預料會遭遇不受控的反對，在這兩種情況之下，提案不可能反映出雙方的利益，行為也可能透過某種角度，被詮釋成最敵對的行為。

- 談判可以發生在談判桌的兩端（團隊之間），但是也可以發生在談判桌的一端（團隊之內），後者代表了聯盟的可能性，聯盟提供雙方結合的機會，能為自己創造價值—— 通常是犧牲被排除在外者。正因如此，聯盟的吸引力在於能取得需要最少人數的承諾來造成影響，還有阻止競爭聯盟形成的能力。

- 雖然聯盟是一種價值創造的機制，但聯盟成員必須彼此競爭，才能取得價值，因此成員資格的順序很重要。成功跟失敗聯盟之間的差別在於成員——邊緣成員——通常很明顯地能夠取得更多的價值，比起創始人或後來成員更多（但並不能保證邊緣成員就會有這樣的影響力）。

- 團隊之內與團隊之間的談判都會創造出相當大的挑戰，還有價值創造的機會，能夠增進最後的價值取得，不管是團隊或是團隊中的個別成員，但是注意了！沒有把團隊談判中造成的系統化挑戰考慮進去，就個人跟團隊層面來說，都是造成價值毀損的原因。

CH
# 13

# 拍賣
## 買家與賣家之外的事

正如我們一再說明的，談判是一種形式特別的交流，在這一章裡，我們考量了另一種形式的交流：拍賣。拍賣把潛在的買家跟賣家聚在一起，比如說，你可以宣傳自己有件東西要出售，然後跟有回應的買家談判，或者是你可以把一件東西拿出來拍賣（例如在 eBay 上面或是其他的拍賣管道），因此拍賣是協商交易買賣以外的替代方案。拍賣與上市待售的差別在於，拍賣會訂下固定的交易日期，因此增加了潛在買家與賣家之間的競爭，另外的差別是，不同於上市代售，拍賣不需要各方人馬直接與彼此互動，有些人可能會覺得這滿有吸引力的——尤其是那些對談判感到不安的人，不過談判還得考慮更多議題，不只是你的不安程度而已。

在這一章裡，你會學到何時拍賣可能比談判有利，何時又是談判比較佔優勢，了解拍賣潛在的好處與侷限很重要，尤其是談判者常常可以選擇要跟特定某人談判，或者是參與拍賣以交換資源。

拍賣已經存在了好幾個世紀之久，比如說，早期羅馬文字就曾記載拍賣戰利品、食物、家庭日用品[1]。

為了正常進行，拍賣要求考慮中的品項要附上完整描述，或者是由潛在投標者檢查。想想事先分送的藝術品拍賣目錄，裡面會有藝術品的描述以及真品保證書，在住宅房產拍賣時，你應該要有機會在投標前檢查房屋，參與者的投標意願取決於他們所知道的品項以及銷售條件（例如數額、交貨期限等等）。

　　關於投標人在拍賣中的行為，經濟學家跟心理學家都有廣泛的研究，舉例來說，相較於談判，拍賣可能以比較高的平均售價收場，如果揭露資訊的代價對買方跟賣方來說都是一樣的話，或者是雙方都知道重要的資訊、風險持平，進入拍賣也不需要成本[2]。這種效應的根本原因在於，拍賣是一種有效的機制，能夠找出保留價格最極端的對手——如果你是買方，就是保留價格最低的賣家，如果你是賣方，就是保留價格最高的買家。找出多名對手能夠鞏固你的位置，不論這互動是談判、拍賣，或是搞定畢業舞會的舞伴！在拍賣的情況下，過程的設計是為了儘量吸引越多有興趣的人越好——包括買方與賣方——讓他們彼此競爭。

　　而這麼做真的有用，有時候甚至比應該有的效果還要更好！看看下標者在某個常見拍賣機會的行為：eBay，這個網站上有些東西可以買，有馬上買的價格，也可以透過拍賣競標。馬上買（BIN，buy it now）這個選項的存在，提供了有趣的機會，可以洞察下標者在拍賣中行為，從理性的角度來看，馬上買價格代表的應該是下標者的保留價格，你顯然沒有理由在拍賣中多付錢，如果能就這麼按下馬上買鍵，購買到同樣的品項。

　　然而研究者比較了同一個品項的拍賣價格跟馬上買價格，就在同樣的網頁上，發現一些很瘋狂的行為，有百分之四十二的拍賣，得標價格都超過馬上買價格，超過的價格相當高：有百分之二十七的得標者比馬上買價格還高出百分之八，有百分

# 拍賣

　　拍賣是一種另類的談判機制，用以交換貨物、服務或商品，拍賣可以是公開招標或是密封投標，正如本章中所討論的，每種拍賣方式各有優缺點。

　　最常見的拍賣形式是公開遞增價格（或稱英式拍賣），買方公開與彼此競價（無論是親自出價、電子形式，或是透過拍賣師代勞），後續的開價都會高於前一個出價，出價最高者得標，付出她所開的價錢。有種變化形式是第二高價拍賣，出價最高者得標，不過付出開價第二高的價錢。

　　在密封式第一高價拍賣中，全部的買家同時提交自己密封的出價，沒人知道其他參與者的出價。

　　在公開遞減價格拍賣（或稱荷式拍賣）中，拍賣師從高開價開始進行拍賣，一直降到有買家願意接受該價格為止。●

之十六則高出百分之十六，事實上，平均出價淨值比馬上買價格高出百分之十[3]。

　　為了說明拍賣出價會變得有多瘋狂，看看芝加哥彩牛的例子。1999年，芝加哥市贊助了一項公共藝術活動以及拍賣（有些在現場，有些在線上），由當地藝術家裝飾真實大小玻璃纖維牛，著名的拍賣行蘇富比估計，每隻牛能賣兩千到四千美元之間，出乎眾人意料地，包括專家也跌破眼鏡，線上拍賣平均得標價格比蘇富比的估計高出百分之五百七十五，現場拍賣的得標價格，則比估計值高出百分之七百八十八[4]。

　　這種行為的解釋之一，就是競爭激起心態的心理過程——想打敗競爭對手的渴望，就算那表示你得超過自己的保留價格[5]。這種競爭的情緒狀態，在現場拍賣時會更強烈，比起來線上拍賣的競爭者通常不顯著，這會導致投標者犯下非常昂貴的錯誤，不管他們是要爭奪合作併購、管理人才，還是真實大小的玻璃纖維牛。

　　這種激起的心態至少有三個驅動因素：敵手的出現、時間壓力、觀眾。以競標者來說，如果有更多潛在的出價者，大家出價的意願會提高，往往會在過程中違背了自己的保留價格，從經濟的角度來看，這完全是錯誤的策略，我們之後會深入提到更多細節原因，等我們討論到贏家的詛咒那一章，不過現在讓我們來看看這種行為中的荒謬之處：你的保留價格是根據你的替代方案來決定的，任何有理性的理由都不認為那會受到敵手人數的影響，也不會受到你能找出多少敵手的影響。等到競標風頭過了，只剩下幾個人，人少更顯著，更會助長競爭激起的心態，現在你知道你到底想打敗誰了！

為了避免這種影響，在談判中你應該保持警覺，在稍早的時候，為數眾多的競爭出價者，可能會促使你提高自己的保留價格，拍賣後期，一小群競爭者的出現可能會點燃你的求勝慾望，導致你違背自己的保留價格，結果得到的比你想要的還少（當然，除非你想要的只是打敗敵手）[6]。

競爭激起心態的第二個因素是時間壓力，最後期限、不管是拍賣師或是你設定的，都會縮減你的意願或感受到的能力，那可以用來匯集你需要的資訊，以便制定保留價格、安排出價行為。出價之間通常沒多少時間，可以讓你評估自己的下一步是否合理，隨著你越接近（預設的）拍賣結束時間，這種壓力會越來越大，如果你曾經參與過線上拍賣，隨著時間分秒逼近拍賣尾聲，有時候你能親身體驗到自己增強的情緒反應，時間壓力越大，你就容易被激發，你越被激發，就越有可能依賴過去用過的決策——不管那個策略在這個特定情況中適不適合[7]。因此，時間壓力在拍賣即將結束時最大，你也最有可能違背自己的保留價格，只為了確保不會把東西輸給敵手。

競爭激起心態也會在有觀眾時增加，有觀眾在場時，即使他們沒有直接觀察你，研究發現你在熟悉任務上的表現進步了，但是在新任務上的表現卻退步了，這叫做社會促進效應[8]，所以你的競爭激起心態在親自到場的拍賣，會高於線上拍賣——就像比較芝加哥彩牛的兩種拍賣所發現的。線上拍賣很清楚這種效應，往往會設計得讓你、也就是出價者，知道有多少人在注意這個拍賣品，這差不多等同於創造出一群觀眾——拍賣網站喜歡這樣做，因為那會逼你提高出價。

為了掌控——或者至少減輕——過度的競爭激起心態，置身拍賣中時，不妨考慮這些策略：

- 重新定義敵手，只包括其他那些跟你有類似利益和目標的人，這可不是戰爭啊。
- 考慮雇用代理人替你出價，情緒不會像你那樣投入，拍賣之前事先替代理人（或是你自己）設定明確的因素。
- 整個拍賣過程中，評估競標策略是否恰當—必要的話，聘用一名有能力並且可信賴的顧問—然後堅守她所提出來的策略。
- 評估你所感受到的時間壓力，是因為最後期限真的要到了，或者只是你隨便替自己設定的時間快到了。
- 認真考慮你是否需要現在就採取這樣的行動，將來是否還有機會，而這之間的時候是否能讓你改善準備，確保得到好交易？
- 身為負責衝鋒陷陣的團隊領導者，要靠團隊成員來幫助你分散激發出來的感覺。
- 整個拍賣過程中，重新確認你真正目標的重要性——得到更多你想要的，加強對你有利的交易。

## 為何拍賣？

　　拍賣特有的好處是什麼？拍賣能提供哪些談判沒有的優勢？除了剛剛討論過的心理效應，選擇拍賣的主要原因，是把拍賣當成一種手段，來找出保留價格最高的對手。在這整本書中，我們都假設你清楚知道自己在跟誰談判，但如果事情不是這麼一回事呢？照理說，你會想要找出保留價格最極端的對手，但一個個地去考慮潛在的對手，很難找出保留價格最極端的那一個，畢竟潛在對手可不會四處招搖，宣傳自己的底線在哪！但實際上，拍賣正是如此。

　　讓我們來探討一下，拍賣究竟如何運作。假設為了簡單起見，投標者（就當他們是買家吧）受過良好訓練，願意付出像保留價格那麼多（這一項重要的假設，稍後我們會再探討這項假設的影響）[9]，這樣一來，得標者就會是那個保留價格最高的人：拍賣過程自然而然會造成買方彼此競標，直到保留價格較低的買家退出為止，只剩下保留價格較高的投標者繼續出價，一旦出價超過了倒數第二個投標者的保留價格，出價終止，獲勝的就是投標者之中保留價格最極端的那個人。注意這個投標者不需要亮出自己的保留價格，得標的出價只需要比第二高出價者的保留價格再多一點就夠了。

　　相反地，在談判的情況下，因為對手的保留價格並非眾所皆知，你不太可能確認哪個對手的保留價格最極端，因此在談判銷售某個品項時，你也許可以迫使買方逼近他們的保留價格，但是你可以做得更出色，如果你讓買方的保留價格（對你）更有利——拍賣正是專門設計來達成這樣的結果。

　　拍賣鼓勵各方參與的方法之一，就是拍賣過程並不需要像談判那般程度的準備，你不知道在eBay上的拍賣對手是誰，所以考慮潛在偏好或利益沒什麼用處，你根本不知道那人是誰，你能做並且該做的準備，大多是關於你想要買賣品項的品質、你的保留價格、付款過程的安全性（比如PayPal），然而你不用形成談判策略，不需要確認議題種類或是對手的談判策略之類的。

　　要是拍賣這麼棒，何必用前面十二章來學習怎麼談判呢？原來拍賣確實有其侷限。首先，拍賣不適合有多項議題的交易，而在單一議題的交換最有效，比如像是價格，要考慮一項以上的議題時，你還是需要把多項議題轉化為單一測度，比如說，你把你的房子上市時，或許會收到很多個開價（競價），在各方面都不太一樣，比如價格、截止日期、備案等等，因此你還是需要建立起一個議題-價值矩陣，就像第五章裡面所描述的，讓你能夠比較這些不同的競價，但是這種多項議題的情況，讓拍賣過程變得複雜，也讓拍賣本身更具挑戰性，理想條件下，拍賣也許是取得價值最有效的方法，但卻很少有機會交換資訊，因此拍賣並不適合拿來交換取得價值創造的潛力，如此一來，一旦有交易出現這種潛力，你能取得更多價值的方式就是透過談判而非拍賣。

第三，拍賣不適合品項價值由專有資訊決定的情況，要想成功，拍賣必須提供資訊給潛在的投標者，列出品項的詳細說明，讓人家可以審視，就像收購公司資產前的盡職調查一樣，這類資訊目的在於減輕投標者開價過高的擔憂—稱為贏家的詛咒（是下一節的主題），揭露這類資訊通常符合賣家的最大利益——不過並非總是如此。

想想買下一間公司吧——假設是可口可樂好了，為了促使投標，可口可樂也許會考慮讓潛在買主接觸到商業機密，如果有多位潛在投標者，可口可樂的商業機密就不再是秘密了，因此，雖然提供接觸商業機密的機會——這是主要價值的來源——能讓投標者更了解公司的價值，但是這麼做會降低可口可樂在最後得標者手中上的價值（因為現在許多人都知道他們的商業機密了），如此一來，反而降低了投標者願意出價的金額。

你不一定要擁有商業機密才會碰上這樣的狀況，只要專有或私有資訊的數量夠大，拍賣就失去了原來勝過談判的優勢，即使拍賣與價格有關。事實上，一項研究報告指出，有百分之五十二的公司是透過談判出售的，而那些都包含了最多的專有資訊[10]。

拍賣由於多名競標者出現會造成的問題，是因為光是贏得拍賣本身就能提供訊息，可能是因為該品項對得標者的價值大於對其他人的價值，這當然不成問題，但有可能的是，得標者比其他投標者高估了該品項的價值，他因此願意多出價——就這麼「贏」了！這也就是他勝出的原因，拍賣顯示出他是在場最大的傻瓜，這就是贏家的詛咒。

## 贏家的詛咒

贏家的詛咒指的情形是，贏得拍賣之後，出價者明白品項的真正價值遠遠更多於（如果他是賣方）或是更少於（如果他是買方）出價總額。

要看看有多容易碰上贏家的詛咒，假設有個情況是拍賣品項為純共同價值，也就是對全部的買家價值都一樣，私人價值品項是那些對個別買家或賣家有獨特價值的貨物或服務，而贏家詛咒的狀況會出現在共同價值的拍賣上，因為投標者不同的保留價格，是受到了錯估真正共同價值的影響，因此在共同價值的拍賣上——品項的價值對全部投標者都相同時——贏家可能事實上是最大的傻瓜。

相反地，具有私人價值的品項在不同的投標者之間，拍賣估價也不一樣，反映出來的既是估計誤差，也是潛在私人價值的不同，因此估價最高的買家未必就是犯下最大估價錯誤的人，她可能只是看重品項的獨特價值，與其他的投標者都不一樣，在這種情況下，贏家的詛咒減輕了，投標者的開價可以接近自己的保留價格——可以有信心贏得拍賣也不一定表示他們開價開得很糟。

為了說明這一點，來看個極端的例子，拍賣一個裝了現金的密封信封，顯然在投標之前，你會想知道信封裡有多少現金，假設賣方提供每位潛在投標者下列資訊：每名投標者都拿到一張賣方提供的紙條，上面顯示的數額等於真實金額加上一個隨機數字，取自負三到正三的範圍之間，平均為零[11]，因此顯然提供給每位投標者的資訊都反映了真正的金額（因為加上的數字平均為零），不過帶有隨機誤差。

你的紙條上面寫六元六十分，可以確定的是，信封裡面有的金額介於三元六十分跟九元六十分之間，你最多會出價多少—也就是說，你的保留價格是多少？是六元六十分嗎？

如果投標者把保留價格設定為等同各自資訊所指出的品項期望值，那麼得標者就會是估價正誤差最大的人，因此拍賣的贏家很可能是拿到最大隨機數字的人，以比較日常的措辭來說，贏家可能是對品項價值評估最樂觀的人，不管那個東西是信封、房地產、公司或是玻璃纖維牛。

為了避免這樣的問題，你的保留價格設定應該低於你的已知資訊建議，但是該低多少呢？這個嘛，如果你想要完全確定絕對不會虧損，你應該把保留價格設定為三元六十分（期望值減去資訊包含的最大潛在誤差），雖然這種策略可以避免損失，你也不可能贏得拍賣，所以要切合實際的話，你大概得把保留價格設定在三元六十分跟九元六十分之間，但是之間的哪裡呢？數學計算滿複雜的，不過我們可以提供你一些如何思考的直覺。

　　首先，想想如果你要設定成四元五十分的話，這個數字會不會因為潛在投標人數不同而有所改變？換句話說，在有四十名投標者時，你把保留價格訂為四元五十分，如果投標者有四千人，你會不會設定的更高、更低，還是一樣？只憑直覺的話，隨著投標人數增加，大部份人會設定一樣或是比較高的價格，事實證明，直覺會引你誤入歧途，正確的答案是，隨著投標人數增加，你應該降低你的保留價格。

　　想想另一個看似不相關的問題，誰比較高：中國最高的男人還是瑞士最高的男人？這個嘛，有關一般瑞士人跟一般中國人比起來的相對高度，我們知道些什麼呢？一般瑞士男性的身高是五呎九寸（約175公分），一般中國男性則是五呎六寸（約168公分），因此你可能會想選擇瑞士來回答我們的問題，但是這樣一來你就錯了，想想瑞士的人口（約七百六十萬）跟中國的人口（約十三億）比較起來，哎，我們可不在乎一般男性的身高，而是這些國家中最極端（也就是最高的）男人，如果我們採樣七百六十萬次，跟採樣十三億次相比起來，哪個比較有可能找到最極端的？顯然我們會在中國人裡面找到最高的男性，即使就全體人口而言，他們的身高比較矮，事實上，休士頓火箭隊的籃球員姚明據說有七呎五寸高（約249公分），一名來自中國內蒙古的男人則有將近七呎九寸高（約263公分），是《金氏世界紀錄大全》認可的全世界最高自然生長人[12]。

　　這個類比可以用來了解裝現金信封的拍賣，因為在那樣的情境中所顯示出來的是，得到最高額回饋投標者的誤差期望值，會隨著投標人數而增加，所以如果只有四十人，那就不可能有任何人拿到正三，畢竟正三到負三之間的隨機數字只能抽出四十個可能性，但是如果能抽出四千個，某個人得到正三的可能性就大得多，隨著從負三到正三之間抽出數字的分佈增加，這幾乎可以說是肯定的。因此，為了避免這個問題，你應該隨著潛在投標者的人數增加而降低你的保留價格，然而實際上，投標者預期自己得付出更多——因而把保留價格訂的比較高——隨著投標人數增加，而且由於競爭激起的心態，他們的出價其實會更高，如果他們得知有很多其他投標者的話。

　　注意不管得標結果相對來說是大或是小，贏家的詛咒都會是個問題，不止在eBay上的人要承受贏家詛咒的風險，收購其他公司的大企業執行者也一樣。有項研究探討了1985年到2009年之間發生的八十二件併購案，每件都有至少兩個同時存在的出價，研究比較了最終贏家跟最終輸家在併購前後幾個月甚至幾年之間的表現，股市表現在併購之前並沒有差別，但是在併購之後，那些沒有得到併購的的公司，表現明顯優於贏得併購競爭的公司，這種結果最可能的解釋是，贏家為了獲勝，付出太多，他們遭受到贏家的詛咒，接下來幾個月甚至幾年內的相對低價股票，反映出他們溢付了，事實上，在收購後的接下來三年內，輸家的表現比贏家好上百分之五十[13]。

　　贏家詛咒的存在，讓各方必須鄭重考慮了解自己的出價，如果他們真的想要贏得拍賣的話，要想勝出，各方都應該估計品項的價值，比如說假設賣方要接受開價，買方應該估計品項的價值，如果買方要接受開價，那麼賣方應該估計品項的價值，還記得我們先前提過的格魯喬‧馬克思名言：「我不想屬於任何會接受像我這種人成為會員的團體」，如果有哪個團體接受他成為會員，顯然也會接受各種不三不四的人，誰會想要屬於標準這樣低的團體呢？

　　除了經濟效應，強大的心理影響也促成了贏家的詛咒，在第七章中，我們討論了率先開價，一般來說，我們建議率先提出極端的開價會是一項有利的策略，相反地，在某些情況下——拍賣顯然是其中一種，最好先提出適度的開價。

　　平均而言，率先提出極端的開價會讓你得到策略優勢，有些時候你可以透過比較適度的首度開價，取得相當大的策略優勢，你想開價讓潛在對手覺得合理——甚至有點過低——最常見的例子就是在你試著展開拍賣的時候[14]，低開價可能會引來更多投標者，增加了保留價格最極端的投標者參與拍賣的可能性。

　　這個策略是很多房地產仲介在矽谷網路熱高峰時期所用的，當時矽谷的住宅房地產市場十分熱烈，買家眾多，現有的庫存很少，所以策略之一，就是把現有的房屋開出很極端的價格，當然有些仲介和賣家用了這種策略，相對地，其他仲介和賣家則以看似合理的價格出售他們的房屋，比較合理上市價格的意圖，是想吸引更多買家開價。

　　除了刻意壓低開價，常見的作法還包括了賣家要求買方在相對很短的時間範圍內提出開價，賣家通常會訂出特定的時間和日期，他們會在那時候考慮開價，做出決定，身為潛在買主，你會承受相當大的壓力，得在截止日期前開價給賣家——還得是個能夠吸引賣家注意力的開價，通常開價不只包括一個超過賣家要價的開價，還會有其他的誘因，比如提供賣家全部現金交易、認股權、汽車、電腦——任何能讓出價顯得獨特、能夠吸引賣家的東西，到了指定時間，有些賣家會乾脆地接受最有吸引力的開價，有些則會通知買家他們的出價情況，以及競爭的投標者有多少人，接著賣家會邀請投標者再次出價，參與最後一輪投標，雖然有些投標者可能在第一輪過後就會退出，其他還有很多人會提高原本就很慷慨的首次開價，留下來的人不是保留價格比較高，就是最受競爭激起心態的影響，無論是哪一種，這都有利於賣家。

　　或許是不自覺的——也很可能是刻意的——賣家會有系統地降低投標者參與的門檻，訂出很低的上市價格[15]，接著利用買家想要有始有終的渴望，也就是說，一旦買家開了第一次價，開第二次價就容易多了。此外，由於買家已經藉由首次開價表明興趣，第二度開價似乎是很合理的策略，能解釋已經花在第一次開價上的時間和精力，這種傾向在知道他人也對同一項房地產開價時，會更加惡化，重新確認不只激發了買家的競爭衝動，也重新斷定其他人覺這項房地產有吸引力。

　　你正考慮要參與一項拍賣，你應該做些什麼？你何時該避免涉入拍賣？你應該避免的拍賣，是有很多人跟你處在交易同一端的時候，你跟對手有多項議題可以分別評價的時候（整合潛力很大），或是你很渴望勝出的時候。另一方面來說，你何時該考慮使用拍賣？在只有單一議題的時候──尤其是價格，或是向潛在投標者揭露資訊風險很小，不會影響到他們對品項的評價，或是準備時間非常有限（只夠讓你專心在你的保留價格上），或是另一端有多方人馬的、理想對手的身份不明之時。在這樣的情況下，拍賣對你會非常有利。

## 摘要

　　在特定的狀況下，拍賣可以讓你得到更多你想要的。首先，你應該考慮使用拍賣的情況是，如果你對談判的反感特別強烈，無法確認保留價格最高的對手（如果你是賣方）或是保留價格最低的對手（如果你是買方），或者只是沒有時間充分準備，仔細處理談判過程，不過拍賣仍然有其侷限。

- 拍賣在談判只有單一議題時非常有效，比如像是價格，產品及服務相當統一，或者是產品及服務具有廣泛的吸引力。在這些情況下，拍賣過程的經濟學及心理學都對你有利：考慮用低開價吸引眾多投標者（你可以指定保留，來緩和太少投標者現身的不利局面），訂出合理的固定截止日期，並且支持公開叫價拍賣的過程，才能儘量擴大心理因素，充分利用競爭激起的心態。

- 拍賣比較不適合具有龐大（並且複雜）價值創造潛力的局面，一旦投標者的盡職調查需要牽涉到專有資訊，要是弄得人盡皆知，就會降低目標物對最終贏家的價值，在這些情況中，談判比較有可能讓你得到更多你想要的。

- 參與拍賣時，留意競爭激起的心態，就像在談判中一樣，設定並尊重你的開價限制，一般而言，要修改這樣的限制，只有在你得知某些準備拍賣時不知道的資訊才可以。

CH
14

實踐你的談判力

讓交易成真

　　我的表現如何？這個問題很難肯定地回答，即使到了談判結束時也一樣，你永遠也沒辦法確定談判中有多少潛在價值，或者是你取得價值多有效率（顯而易見的例外，當然是在我們談判課程中的學生，這類課程的好處之一，就是有機會能夠確切知道你的表現如何，不止是跟對手比較起來，也能跟面臨同樣實際情況的談判者相比）。

　　但是如果你沒辦法參加我們的課程，有兩個方法可以讓你儘可能增加創造和取得價值的可能性：權衡對手對於談判、交易、還有你的主觀價值，談判結束之後，也要進行處理協議的討論；前者建立起你與對手的未來，增進你將來得到更多你想要的機會，後者讓你可以與他們一起參與討論，看看彼此現在能夠做些什麼，增進最終的成果。

## 權衡交易的主觀價值

　　考慮談判結果時，想想對手對於他在談判中所創造的主觀價值評估，會如何影響到他將來的行為，談判結果的主觀價值有四方面：交易的工具價值，包括認為談判者在取得想要之物上多稱心如意、多有效率，身為談判者，他是否覺得自己能夠勝任，對自己在談判中的表現滿不滿意，在談判過程中，是否受到公平的對待，還有他對於你跟他之間關係地位的評估，包括未來與你合作的意願[1]。

對手的談判經驗跟各別結果很重要，他們也許無法如自己所願，精確測定協議結果的客觀價值，因此他們可能會憑藉對談判過程和結果的感覺，來評估自己的表現，他們對自己的表現有多滿意？對自己所能達成的有多自豪？談判者慣常以自己對談判過程的感覺，代替自己有多成功，這比較容易發生在他們得到的資訊不精確或模稜兩可的時候。

想想籌劃跟準備都不如你有紀律的對手，比起理性評估成果，他們更可能會根據互動所創造出來的主觀價值評估來判斷，他們在主觀價值上覺得有多成功，不只影響到參與未來跟你談判的意願，也影響了你將來的價值取得，某次談判中的融洽和諧，可能會增加談判者在之後跟同樣對手談判中分享更多資訊的意願[2]。

事實證明，談判者對於談判中所創造出來價值的主觀評估，跟同一次互動中所創造出來的真正價值，近乎不相關[3]，因此，在對手心中打造出互動的正面主觀評價，在之後的談判中對你有明顯的經濟效益，這種正面光環不只會從跟同樣對手的一場談判延伸到另一場，也會遍及不同的談判，也就是說，對手體驗到跟你談判的成就感和滿足感越大，你身為一個有理性公平談判者的名聲就越響亮[4]，比如說，最初工作談判時的主觀價值高的話，對於薪資和工作的滿意度也會比較高（離職意向則比較低），就算在一年之後也是如此，事實上，談判者對於主觀價值的評估，比起協商達成的薪資真正經濟價值，是一年後工作滿意度更好的指標[5]。

　　根據這一點，最終考量是似乎是對手對於互動的感覺有多棒，這點特別重要，尤其是在有未來的時候，你想要利用在本次談判中所創造的融洽和諧，來改善將來談判成果的品質。你要做的是取得高度客觀價值，並且提供對手高度主觀價值，有趣的是，這麼交換，很多對手都會欣然同意，因此只要你能有策略地找出無形的議題，加以利用，像是控制感、公平性、勝認能力，你的對手可能會覺得這些很重要，你就可以增加他們對交易的價值感，不會受到所能取得客觀價值多寡的支配。

　　那麼，主觀價值是怎麼評估的呢？想想對手可能會怎麼回答下列的問題[6]：

- 你對於得到的成果有多滿意（協議的條款對你有多大的好處）？
- 你是否覺得在本次談判中好像「輸掉」了？身為談判者，本次談判讓你覺得更有能力還是更沒有能力？
- 你是否根據自己的原則和價值來行動？談判過程是否公平？
- 對手是否有顧及到你的希望、意見或是需求？你是否相信你的對手？
- 談判是否替你跟對手未來的關係打下良好的基礎？

　　以上或許是你的對手在談判結束之後，會捫心自問的問題，記住這些問題，能幫助你更清楚對手從談判中得到的主觀價值——也能讓你儘量提高那些主觀價值，藉此奠定未來正面互動的基礎。

## 協議後協議：第二口蘋果

　　在第六章中，我們探討了分享資訊的策略影響，指出分享資訊可能會損及價值取得，交換資訊可能會有危險，但是訣竅在於創造價值的同時，還要增進你取得價值的能力，視談判的複雜程度而定，要確知你已經取得最好的結果也許很困難，如果不算是幾乎不可能的話；在經濟方面，能達成對於雙方來說都最佳的交易，經濟學家稱這為帕托雷最適交易[7]。

　　想想潛在交易數量增加時會發生什麼事情，比如說，如果兩名談判者各有偏好（議題的本質不是分配式的——有價值創造的機會），十種潛在解決方法中有三種（或者百分之三十）可能會是帕托雷最適；如果有一百種潛在的協議，那三種潛在的帕托雷最適解決方案，就只佔潛在協議中的百分之三；要是有一千種潛在協議，但只有三種（也就是百分之零點三）是帕托雷最適呢？想想那有多麼的困難，要從很複雜的談判中，找出越來越稀有的帕托雷最適交易[8]。

如果你的談判複雜程度適中，那就值得去探索潛在的交易替代方案，協議後協議（postsettlement settlement，PSS）是可以取代原有協議的替代交易，但前提是比起原有的協議，雙方都偏好新的協議。在經濟方面，協議後協議是一種能夠改進帕托雷最適的交易[9]。

協議後協議通常需要中立的第三方來引導討論，引進第三方很可能會成功，尤其如果雙方之間的談判特別有爭議的話，正因如此，雙方可能會有所遲疑，不願重新展開面對面的討論，談判雙方可以私下分別跟第三方碰面，仔細分析雙方的利益、偏好和價值；有了保密協議，第三方就處在獨特的位置，可以搜索出有關雙方立場的資訊，開闢新的、更情願的爭奪選擇，找出這些選擇，呈現在爭論雙方面前，或許可以揭露出比現有交易對雙方都更好的解決方案。

這本書到了這麼後面，你可以假定雙方原本的協議，都超越了他們各自的替代方案，雖然或許沒有達到他們的渴望，現有交易如今成了他們的安全網，原本的交易成了新的替代方案，現在他們可以與第三方進入流程，找出能讓他們更好的協議，如果找不到的話，只要恢復原來的協議就好了。

雙方自己本身也可以擔任協議後協議的協調者，雖然原本談判中「取得─創造」的平衡行動很有挑戰性，一旦達成第一個協議，情況就變了，因為談判者在原本交易中所取得的價值，如今成了新的替代方案，雙方有了未來（至少在履行談判所需要的時間之內），他們也許會比較願意分享資訊，這種增強的資訊分享意願，可能會增加進行協議後協議的成功率，也向另一方強調了替雙方實現並獲取額外價值的目標。

如果你跟對手正考慮要進行協議後協議，第一步就是回想在談判中所交換的資訊，是否還有沒實現的機會，可以讓你跟對手改進你們個別的成果？是否還能改變交易，讓你的情況更好──而不會讓對手的成果起變化，或甚至還能有所改善？也許你注意到有項議題，你跟對手的評價不同，但如果你在最初談判時就已經確認了這樣的不同之處，你也許沒辦法再取得同樣多的價值，既然你已經建立起新的標準（目前的交易），把這個議題抵換為其他你更重視的，或許能夠增加你在互動中所能取得的價值總量。

然而，這不是選擇完全公開資訊的時機，如果你能取得的價值總量，跟對手能夠取得的價值總量之間差異很大的話，協議後協議會導致相當程度的緊繃關係，因為你跟對手會深入了解誰「贏」誰「輸」，輸家就會著重在抵銷損失的辦法上。其實我們曾經觀察過某堂談判講座中的高階主管，就這麼轉身離開一樁完全合理的交易（大幅度超越了他們的替代方案，也改善了他們的現況），只因為他們發現自己比對手取得的更少，而他們認為這是失敗，寧願陷入僵局，也不願意有所損失（主要損失的是面子）。儘管如此，協議後協議的過程是一項有用的工具，事實上，你可能要考慮把協議後協議的過程附加在重要談判的正式里程碑上，一旦談判者達成初步協議，他們就可以比較坦承地公開自己的利益跟偏好，各方在談判中所重視的，對他們自己或對手來說，也許會變得更加清楚，因而能在協議後協議的過程中，增加更多的價值創造和隨後的取得。

　　如果你的談判格外激烈，你或許會想靠第三方來策劃協議後協議，此外談判桌上的參與者越多，交易就越不可能出現帕托雷改進，比起各方最初所同意的版本，協議後協議的討論要想成功，需要彼此之間程度合理的善意，這最有可能出現在你跟對手有未來的時候——你跟他們有可能在談判中再度交手，有未來不只增進了協議後協議討論的潛力，也讓資訊更有可能分享，利用這樣的潛力，正是我們下一個交易後考量的主題。

## 談判後的剖析檢驗

　　即使你無法確定自己在談判中的整體表現，籌劃的品質會影響你對自己表現的評估——更不用提你對交易的高興程度了，從理性的角度來看，你該做的就是把成果跟議題的渴望層面相比，藉此評估你表現得如何，你取得的價值越多，你就越接近你的渴望，交易也就更好。

　　試圖評估自己剛剛答應的交易時，談判者會面臨重大的心理障礙，談判者必須知道他們對交易的感受、自己為什麼會這樣覺得、未來又會有什麼感覺，還有過去他們對類似的交易有什麼感受。人類特別記不住，也不擅長回應自己過去想要的、現在重視的，或是預測未來的自己，明天還會想要些什麼[10]，即使是相當成熟的最新談判策略，那樣的不確定感還是存在：你到底表現得如何？談判者試圖評估自己在談判中的表現時，通常會想詮釋對手行為中透露出來的蛛絲馬跡，在1981年所出版的《談判的藝術與科學》一書中，霍華·拉法建議在完成七百萬的併購案之後，你不用告訴對手你願意以四百萬就成交。

　　換句話說，你應該克制不要公然跳你的快樂之舞，你剛簽下的提案正合你意，這真的一點也不重要，在眾目睽睽之下的快樂之舞，可能會導致對將來談判的重大負面影響，事實上，甚至可能危及你自以為剛剛搞定的交易，這是因為大部分人把談判視為固定總量的資源分配、固定價值的迷思（詳見第五章），如果你的對手贊同這樣的迷思，那麼看到你這麼開心，他們就會相信自己表現得特別糟糕，最起碼你要繼續管理自己的情緒表達，就算在你達成交易以後，如果你非要跳快樂之舞不可，請克制流露快樂的誘惑，直到你獨處為止——或者至少等到對手看不到也聽不見你的動靜為止。

　　以對方的行為表現當作測度來了解自己的表現，不僅限於各方達成協議後所流露出來的情緒，想想你對自己表現的評估，也會受到比較你跟對手所得的影響，還有你跟那些處境相同者的個別所得到的結果，這些只是幾個對比，你可以用來決定自己的表現如何。回想我們在第二章裡面所討論的，你在談判中的表現會因為著重在渴望或替代方案上而有所不同，你所選擇的特定基準點不只會影響表現的客觀評估（你在談判中取得多少），也會影響表現的主觀評估（你對結果有多滿意），你可能會很滿意新手機的一百元折扣，直到發現你朋友在同一個營運商那裡拿到一百五十元的折扣[11]。

事實證明，比較對象的挑選，會影響你對某個特定結果的評價，想像你跟對手達成了協議，得知你的表現比對手好會有什麼影響？你或許會認為，知道你比對手得到的更多，會增加你對結果的滿意度，但事實上，研究顯示你表現得比對手好或差其實不重要，這兩種比較都會讓你對自己的表現不太滿意，比起你沒有任何比較的資訊來說[12]，當然多得到比少得到好，可是諷刺的是，發現你比對手多得還是少得，只會降低你對自己成果的滿意度。

相反地，表現比處境相同者好就不一樣了，如果你是賣家，比較你跟其他賣家在同樣市場上所得到的交易──現在這樣的比較反映出來的是客觀價值，也就是說，在外部比較上的表現比較好會增加你的滿意度，比較差則會減低你的滿意度。

你最滿意的時候，看來似乎是你得到全部談判盈餘的時候，不是平分也不是得到大部份，知道對手在談判中的表現多好或多差，會讓你對自己的表現感覺更糟，因為那表示對手至少設法取得了某些你沒能得到的價值。另一方面來說，你比較的對象是其他處境相同者，而不是你談判中的一部分時，你會因為光是多得就感到滿意。

　　也許感覺良好並不是你的最終目標，對於認真的談判者而言，學習調整改善自己的談判表現，或許才是自我評價的主要動機，查明自己對於對手的利益、偏好和優先順序評估的準確度，是這個過程中很重要的一部分，雖然你也許無法得知全貌，但是你可以在完成交易之後，進行相當程度的偵查。畢竟一旦握手簽約了，談判還是沒有結束，交易還是需要付諸實行，讓對手對於成果的感覺良好，還有成果達成的方式，對於交易的實現影響深遠——還有你將來達成類似交易的機會。

## 摘要

　　對許多談判來說，找出交易只不過是漫長旅程中的一站，完成談判之後，有新的機會可以為將來的談判學習，還有出乎意料的機會能為此次的談判增添價值取得，即使你未來不太可能跟特定某個對手有互動，結束談判的方式還是會產生直接或間接的影響，對於協議的執行或是將來跟其他人的談判，那些人有可能知道你的議價歷史。

　　• 本書的基本假設之一，就是你必須同時考慮談判的經濟和心理層面，沒有比客觀和主觀評價之間的區別更清楚的例子了，談判者相當重視他們對談判過程的感覺——他們得到怎樣的對待。儘量擴大交易的主觀評價，還有與之相關的無形感受——尊重、正當、掌控、公平——都很有幫助，能確保對手對於談判過程、結果跟你都感到滿意，而且這些無形感受的成果可能給對手帶來的效益，遠遠勝於你所必須支出的花費。

- 考慮與對手進行協議後協議的會議。交易完成後，把新交易當作替代方案，看看你跟對手是否能找出你們忽略掉的解決方法——可能跟現有交易一樣有吸引力甚至於更好的解決方法。

- 交易完成後，慶祝也結束了，挪出時間進行談判後的剖析檢驗，這個一個重要但常受到忽視的機會，能夠磨練你的談判技巧，評估相對於期望，你的表現如何，你專注在渴望上的能力如何？你是否承兌了自己的保留價格？你評估對手的利益跟偏好有多準確？互動中有沒有哪方面你會做得不一樣的？分析檢驗你在此次談判中的表現，可以幫助你找出在未來談判中能夠調整籌畫過程的方法。

## 結論

　　結束本書以前，還有幾點需要強調一下。

　　在商場上跟生活中，想得到（更多）你想要的，就更需要專注，很多談判者大膽地踏入談判，沒有安排策略、也沒有制定計畫來完成他們的目標，每年觀察幾百個人嘗試著要談判，我們很訝異有這麼多聰明人，卻表現得談判只不過是一場即興演出的戲劇，而不是相互依存的過程，需要籌劃和準備，做出策略上的選擇，並且保持紀律。一旦接觸到有系統的思考談判方法，同樣這批人就會接受必要的紀律，能夠改善他們的談判結果，現在他們有能力可以打造結果，在生活中得到更多他們想要的，也有基礎可以對這些潛在的交易說好，或是說不然後轉身離去。

　　但是不管是我們或你的旅程都還沒有結束，透過整合經濟學和心理學的見解，我們學會了要怎麼樣才能在自己的談判中更有效率，在寫這本書的時候，我們致力於把這些見解轉化為實際的建議，讓你能夠成為一個更好的談判者，想一想，你想要得到更多的是什麼……你需要的資訊是什麼，願意交換的資訊又是什麼，更重要的是，要把我們的禁制令放在心上（跟腦中），展望未來、往回推論，了解你得走哪條路才能到達你想去的地方——在路上時，評估你所使用的策略和戰術，是否能讓你更加靠近目標，不行的話，重新評估、加以修正。

　　重新評估的時候，把經濟合理性當作你的閃亮恆星，留意要有策略，好減輕許多可能會系統化影響你行動的心理因素，同時要明白，你可以預測並且影響對手可能的行為，如此一來，因為同樣這些系統化的影響，你就能夠得到更多你想要的。

　　談判沒有最好的方法──但如果你不保持專注和紀律的話，就會有許多糟糕的談判方法。

　　最後，如果你找一找，談判的機會──得到（更多）你想要的──會出現在日常生活中，積極尋找展望，開發解決所面臨匱乏問題的方法，會匱乏的從財富到關係、從名聲到時間都有可能，還有你在生活與工作中的自主權。運用獨特的觀點和知識，你必須塑造出你與對手所面臨問題的提案，結果要能讓你更好──要一直記住，談判是個相互依存的過程，你不能迫使協議發生，而必須要塑造出一個至少能讓對手保持完整，或者至少能讓他們更好的協議。

　　現在，動手去得到生命中你想要（更多）的東西吧！

# 致謝

　　身為學者就表示要接受傳遞出去的概念，沒有哪個研究、想法、講座、課程和書籍，能夠不靠他人而完成，是他人開疆闢土，造就了我們選擇踏上的道路，不管是我們師事的導師、同事、學生，還是這些年來幫助過我們的共同作者，或是我們任教過的大學，為我們的想法提供了避風港和考驗，我們所虧欠的不可能償還，或許也不應該償還，我們能做的是承認我們的義務和許多的好運氣。

　　寫這本書讓我們認識了另外一群成員—我們的經紀人賈爾斯・安德森、編輯艾力克・利特菲爾，還有我們的出版商蘿拉・何莫特，沒有他們的熱心支持、談判技巧、敏銳編輯，還有銳利的無形編輯筆鋒，誰曉得這本書還得花上多少個十年呢。

　　最後，給你——我們的讀者，畢竟你們才是我們當初坐下來寫這本書的原因。

# 各章注釋

## 前言

1 全部的人名與數字都經過修改，不只為了保護學生隱私和保密所使用的資料，也是為了教學的理由。

2 E. Tuncel, A. Mislin, S. Desebir, and R. Pinkley, "The Agreement Bias: Why Negotiators Prefer Bad Deals to No Deal at All"（研究撰寫中論文，Webster University, St. Louis, MO, 2013）。

3 很多學生會問我們，醫生知不知道他的專利權就快變得一文不值，或者這純粹只是巧合，我們說不知道（我們懷疑我們的客戶也同樣被蒙在鼓裡），他們有點失望，但是到頭來，這跟我們的重點無關，不管醫生知不知道有競爭的專利權存在，情況給了我們的學生機會重新評估，這麼做可以揭露出那個新的專利權，也會顯示出買下醫生的專利權不是行動的正途。

## 第一章

1 Linda Babcock and Sara Laschever, Women Don't Ask: Negotiation and the Gender Divide《女人要會說，男人要會聽》(Princeton, NJ: Princeton University Press, 2003).

2 1970年時，美國女性的薪資比男性每塊錢少了五十九分，到了2010年，比例變成每塊錢少了七十七分。A. Hegewisch, C. Williams, and A. Henderson, Institute for Women's Policy

Research Fact Sheet, The Gender Wage Gap 2010 (April 2011), http://www .iwpr.org/publications/pubs/the-gender-wage-gap-2010-updated-march -2011.

3　M. S. Schmidt, "Upon Further Review, Players Support Replay," New York Times, September 5, 2006, D2.

4　B. Shiv, H. Plassmann, A. Rangel, and J. O'Doherty, "Marketing Actions Can Modulate Neural Representations of Experienced Pleasantness," Proceedings of the National Academy of Sciences 104, no. 3 (2008): 1050–1054, http://www.pnas.org/content/105/3/1050.abstract.

5　Robert Rosenthal and Lenore Jacobson, Pygmalion in the Classroom: Teacher Expectation and Pupils' Intellectual Development (New York: Holt, Rinehart and Winston, 1968).

6　C. M. Steele and J. Aronson, "Stereotype Threat and the Intellectual Test Performance of African Americans," Journal of Personality and Social Psycho- logy 69, no. 5 (1995): 797–811.

7　M. Shih, T. L. Pittinsky, and N. Ambady, "Stereotype Susceptibility: Identity Salience and Shifts in Quantitative Performance," Psychological Science 10 (1999): 81–84.

8　M. A. Belliveau, "Engendering Inequity? How Social Accounts Create Versus Merely Explain Unfavorable Pay Outcomes For Women," Organiza- tional Science 23 (2012): 1154–1174.

9　H. B. Reilly, L. Babcock, and K. L. McGinn, "Constraints and

Triggers:Situational Mechanisms of Gender in Negotiation," Journal of Personality and Social Psy cho logy 89, no. 6 (2005): 951–965.

10  L. L. Kray, L. Thompson, and A. Galinsky, "Battle of the Sexes: Stereo- type Confirmation and Reactance in Negotiations," Journal of Personality and Social Psychology 80, no. 6 (2001): 942–958; L. Kray, A. Galinksy, and L. Thompson, "Reversing the Gender Gap in Negotiation," Organizational Behavior and Human Decision Process 87 (2002): 386–410.

## 第二章

1  E. Tuncel, A. Mislin, S. Desebir, and R. Pinkley, "The Agreement Bias: Why Negotiators Prefer Bad Deals to No Deal at All"（研究撰寫中論文，Webster University, St. Louis, MO, 2013）。

2  R. L. Pinkley, M. A. Neale, and R. J. Bennett, "The Impact of Alterna-tives to Settlement in Dyadic Negotiation," Organizational Behavior and Human Decision Processes 57, no. 1 (1994): 97–116.

3  M. W. Morris, R. P. Larrick, and S. K. Su, "Misperceiving Negotiation Counter parts: When Situationally Determined Bargaining Behaviors Are Attributed to Personality Traits," Journal of Personality and Social Psy cho logy 77, no. 1 (1999): 52.

4  關於這種現象的好例子，請見丹尼爾・艾瑞利（Daniel Ariely）《誰說人是理性的》（Predictably Irrational: The Hidden Forces

That Shape Our Decisions）一書中的第一章。

5　有些人也許會說，保留價格有其不確定性，比如要是保留價格是二十八元加減兩元的話呢？但這一切都只能說明，對於買家來說，有效的保留價格最多是三十元，一分一毛都不能再多！我們會在第三章中繼續討論保留價格。

6　V. L. Huber and M. A. Neale, "Effects of Self-and Competitor Goals on Performance in an Interdependent Bargaining Task," Journal of Applied Psychology 72, no. 2 (1987): 197; V. L. Huber and M. A. Neale, "Effects of Cognitive Heuristics and Goals on Negotiator Performance and Subsequent Goal Setting," Organizational Behavior and Human Decision Processes 38, no. 3 (1986): 342–365.

7　R. L. Pinkley, M. A. Neale, and R. J. Bennett, "The Impact of Alternatives to Settlement in Dyadic Negotiation," Organizational Behavior and Human Decision Processes 57, no. 1 (1994): 97–116.

8　S. S. Wiltermuth and M. A. Neale, "Too Much Information: The Perils of Nondiagnostic Information in Negotiations," Journal of Applied Psycho- logy 96, no. 1 (2011): 192.

9　A. Galinsky, T. Mussweiler, and V. Medvec, "Disconnecting Outcomes and Evaluations in Negotiation: The Role of Negotiator Focus," Journal of Personality and Social Psychology 83 (2002): 1131–1140.

## 第三章

1　D. G. Pruitt, Negotiation Behavior (New York: Academic Press, 1981).

2　在此我們就當作我們完全清楚雙方的保留價格，雙方也很確定各自的保留價格。

3　當然了，某一方可以同意違反自己保留價格，藉此達成交易。

4　E. Tuncel, A. Mislin, S. Desebir, and R. Pinkley, "The Agreement Bias: Why Negotiators Prefer Bad Deals to No Deal at All"（研究撰寫中論文，Webster University, St. Louis, MO, 2013）。

## 第四章

1　從經濟學的角度來說，能讓至少一方好過些，也不會損及另一方利益的，稱為弱帕托雷最適（能讓雙方都好過些的，稱為強帕托雷最適），義大利經濟學家帕托雷（Vilfredo Pareto，1848-1923）發展出這個概念來研究經濟效能與收益分配。你或許注意到了，我們加入了限定詞「至少能夠讓某一方好過些，也不會損及另一方的利益」，我們在第六章中會討論到，價值創造的過程會有不利的影響，危及其中一方，相較於創造出比較少價值的情形來說。

2　S. Wiltermuth, L. Z. Tiedens, and M. A. Neale, "The Benefits of Dominance Complementarity in Negotiations," Negotiations and Conflict Management Research (in press).

3　照字面上來看，這個假設表示湯瑪斯不會在乎自己是付一百六十塊讓輪胎在四十五天內交貨，或者是一個輪胎付六百一十塊馬上交貨（160 + 10*45），我們這樣假設只是為了方便說明。在現實生活中，湯瑪斯加價的意願，可能會隨著交貨時間的縮短減少，比如說付十塊讓交貨日期提前一天，八塊再提前一天，以此類推。這樣的假設雖然比較實際，但是卻會讓我們這裡要講的事情變複雜，也無法提供額外的洞見。

4　D. M. Messick and C. G. McClintock, "Motivational Bases of Choice in Experimental Games," Journal of Experimental Social Psychology 4, no. 1, (1968): 1–25.

5　有關這類價值創造策略的更多細節，可參考 M. H. Bazerman and J. J. Gillespie, "Betting on the Future: The Virtues of Contingent Contracts," Harvard Business Review (September–October 1999)。

6　這當然不是建設公司真正的名稱！

## 第五章

1　Jeffrey T. Polzer and Margaret A. Neale, "Constraints or Catalysts? Reex- amining Goal Setting within the Context of Negotiation," Human Performance 8 (1995): 3–26.

2　G. Marks and N. Miller, "Ten Years of Research on the False-Consensus Effect: An Empirical and Theoretical Review," Psychological Bulletin 102, no. 1 (1987): 72.

3　J. Cao and K. W. Phillips, "Team Diversity and Information

Acquisition: How Homogeneous Teams Set Themselves Up to Have Less Conflict"（研究撰寫中論文，Columbia Business School, 2013）。

4　A. F. Stuhlmacher and A. E. Walters, "Gender Differences in Negotiation Outcome: A Meta-Analysis," Personnel Psychology 52, no. 3 (1999): 653–677; H. R. Bowles, L. Babcock, and K. L. McGinn, "Constraints and Triggers: Situational Mechanics of Gender in Negotiation," Journal of Personality and Social Psychology 89, no. 6 (2005): 951.

5　M. W. Morris, R. P. Larrick, and S. K. Su, "Misperceiving Negotiation Counterparts: When Situationally Determined Bargaining Behaviors Are Attributed to Personality Traits," Journal of Personality and Social Psychology 77, no. 1 (1999): 52.

6　汽車經銷商可以嘗試在升級音響的選項上（整合式議題）取得更高的價格（分配式議題），不過要是把升級音響的選項跟融資利率（另一項整合式議題）綁在一起，就可能創造出更多價值來。

7　T. Wilson, D. Lisle, D. Kraft, and C. Wetzel, "Preferences as Expectations- Driven Inferences: Effects of Affective Expectations on Affective Experiences," Journal of Personality and Social Psychology 56 (1989): 519–530.

8　L. Lee, S. Frederick, and D. Ariely, "Try It, You'll Like It," Psychological Science 17 (2006): 1054–1058.

9　C. H. Tinsley, K. M. O'Connor, and B. A. Sullivan, "Tough Guys Finish Last: The Perils of a Distributive Reputation," Organizational Behavior and Human Decision Processes 88, no. 2 (2002): 621–642; M. A. Neale and A. R. Fragale, "Social Cognition, Attribution, and Perception in Negotiation: The Role of Uncertainty in Shaping Negotiation Processes and Outcomes," in Negotiation Theory and Research, ed. L. Thompson, 27–54 (New York: Psycho- logy Press, 2006).

10　B. M. Staw, L. E. Sandelands, and J. E. Dutton, "Threat Rigidity Effects in Organizational Behavior: A Multilevel Analysis," Administrative Science Quarterly 26 (1981): 501–524; W. Ocasio, "The Enactment of Economic Adversity–A Reconciliation of Theories of Failure-Induced Change and Threat-Rigidity," Research in Organizational Behavior: An Annual Series of Analytical Essays and Critical Reviews 17 (1995): 287–331.

11　A. W. Kruglanski, "The Psychology of Being 'Right' : The Problem of Accuracy in Social Perception and Cognition," Psychological Bulletin 106 (1989): 395–409.

12　A. W. Kruglanski and D. M. Webster, "Motivated Closing of the Mind: 'Seizing and freezing,' Psychological Review 103 (1996): 263–283; O. Mayseless and A. W. Kruglanski, "What Makes You So Sure? Effects of Epistemic Motivations on Judgmental Confidence," Organizational Behavior and Human Decision

Processes 39 (1987): 162–183; D. Webster and A. W. Kruglanski, "Individual Differences in Need for Cognitive Closure," Journal of Personality and Social Psychology 67 (1994): 1049–1062.

13  C. K. W. De Dreu, "Time Pressure and Closing of the Mind in Negotiation," Organizational Behavior and Human Decision Processes 91 (2003): 280–295.

14  S. Chaiken and Y. Trope, eds., Dual-Process Theories in Social Psychology (New York: Guilford Press, 1999).

15  J. S. Lerner and P. E. Tetlock, "Accounting for the Effects of Accountability," Psychological Bulletin 125 (1999): 255–275; P. E. Tetlock, "The Impact of Accountability on Judgment and Choice: Toward a Social Contingency Model," in Advances in Experimental Social Psychology, vol. 25, ed. L. Berkowitz, 331–376 (New York: Academic Press, 1992).

16  R. E. Petty and J. T. Cacioppo, "The Elaboration Likelihood Model of Persuasion," in Advances in Experimental Social Psychology, vol. 19, ed. L. Berkowitz, 123–205 (New York: Academic Press, 1986).

17  C. K. W. De Dreu, S. Koole, and W. Steinel, "Unfixing the Fixed-Pie: A Motivated Information Processing of Integrative Negotiation," Journal of Personality and Social Psychology 79 (2000): 975–987.

## 第六章

1　但就算是這樣極端的情況，研究顯示獨裁者也會至少稍微考慮到「臣民」的利益，例子請見T. N. Cason and V. L. Mui, "Social Influence in the Sequential Dictator Game," Journal of Mathematical Psychology 42, no. 2 (1998): 248–265; G. E. Bolton, E. Katok, and R. Zwick, "Dictator Game Giving: Rules of Fairness versus Acts of Kind- ness," International Journal of Game Theory 27, no. 2 (1998): 269–299。

2　延伸理性方法，把系統化不理性也列入考慮的例子，可以在丹尼爾・卡納曼的《快思慢想》一書中看到。

3　W. Güth and R. Tietz, "Ultimatum Bargaining Behavior: A Survey and Comparison of Experimental Results," Journal of Economic Psychology 11, no. 3 (1990): 417–449.

4　J. Henrich, "Does Culture Matter in Economic Behavior? Ultimatum Game Bargaining among the Machiguenga of the Peruvian Amazon," American Economic Review, 2000, 973–979; H. Oosterbeek, R. Sloof, and G. Van DeKuilen, "Cultural Differences in Ultimatum Game Experiments: Evidence from a Meta-Analysis," Experimental Economics 7, no. 2 (2004): 171–188.

5　S. J. Solnick, "Gender Differences in the Ultimatum Game," Economic Inquiry 39, no. 2 (2001): 189–200.

6　S. B. Ball, M. H. Bazerman, and J. S. Carroll, "An Evaluation of Learning in the Bilateral Winner's Curse," Organizational

Behavior and Human Decision Processes 48, no. 1 (1991): 1–22.

7　我們常看到像這樣對於兩個保留價格中間點的強烈喜愛— 即使沒有任何理由顯示中間點為何比介於之間的其他值要來的更好或更公平；就算你要特別把中間點視為「公平的」，也需要知道雙方的保留價格——而這是不可能的狀況。

8　這麼極端的資訊差異雖然不太尋常（T公司確切知道，你卻只知道分佈），但只要T公司佔了資訊優勢，結果就差不多（雖然計算方式會複雜得多）。

9　事實上，理性的買家應該明白，這種情況下根本不應該開價——資訊不對稱太大了，百分之五十的合併效果也無法抵銷，舉例來說，如果你開價三十元，被接受就表示T公司擁有的原油低於三十元— 或是平均十五元。如果你開價三十元被接受了，加上百分之五十的合併效果，會導致七點五元的預期損失，事實上，預期的合併效果起碼要有百分之百，你才有指望至少平均可以打平。

10　因為在保留價格上，你不在乎是接受或是拒絕對方的開價，所以對手最好多給一點，用「打賞」超過你的保留價格。

11　記得我們在第二章裡面的例子，三十塊是你想用來買戲票的保留價格！

12　S. B. White and M. A. Neale, "The Role of Negotiator Aspirations and Settlement Expectancies in Bargaining Outcomes," Organizational Behavior and Human Decision Processes 57, no. 2 (1994): 303–317.

13　D. M. Messick and C. G. McClintock, "Motivational Bases of Choice in Experimental Games," Journal of Experimental Social Psychology 4, no. 1 (1968): 1–25.

## 第七章

1　比如像在澳洲，住宅房地產通常不像美國這樣上市出售，而是用拍賣的，所以澳洲的賣家不會「先開價」，而是由潛在買主先開價。

2　N. G. Miller and M. A. Sklarz, "Pricing Strategies and Residential Property Selling Prices," Journal of Real Estate Research 2, no. 1 (1987): 31–40.

3　P. Slovic and S. Lichtenstein, "Comparison of Bayesian and Regression Approaches to the Study of Information Processing in Judgment," Organizational Behavior and Human Performance 6, no. 6 (1971): 649–744.

4　A. Tversky and D. Kahneman, "Judgment under Uncertainty: Heuristics and Biases," Science 185 (1974): 1124–1131.

5　G. B. Northcraft and M. A. Neale, "Experts, Amateurs, and Real Estate: An Anchoring and Adjustment Perspective on Property Price Decisions," Organizational Behavior and Human Decision Processes 39 (1986): 228–241.

6　H. J. Einhorn and R. M. Hogarth, "Ambiguity and Uncertainty in Probabilistic Inference," Psychological Review 92 (1985): 433–

461.

7   Adam D. Galinsky and Thomas Mussweiler, "First Offers as Anchors: The Role of Perspective-Taking and Negotiator Focus," Journal of Personality and Social Psychology 81, no. 4 (2001): 657; A. D. Galinsky, T. Mussweiler, and V. H. Medvec, "Disconnecting Outcomes and Evaluations: The Role of Negotiator Focus," Journal of Personality and Social Psychology 83 (2002): 1131–1140.

8   V. L. Huber and M. A. Neale, "Effects of Cognitive Heuristics and Goals on Negotiator Performance and Subsequent Goal Setting," Organizational Behavior and Human Decision Processes 38, no. 3 (1986): 342–365.

9   Galinsky and Musweiller, "First Offers as Anchors."

10  E. J. Langer, A. Blank, and B. Chanowitz, "The Mindlessness of Ostensibly Thoughtful Action: The Role of 'Placebic' Information in Interpersonal Interaction," Journal of Personality and Social Psychology 36, no. 6 (1978): 635; R. J. Bies and D. L. Shapiro, "Interactional Fairness Judgments: The Influence of Causal Accounts," Social Justice Research 1, no. 2 (1987): 199–218.

11  N. Epley and T. Gilovich, "Putting Adjustment Back in the Anchoring and Adjustment Heuristic: Differential Processing of Self-Generated and Experimenter-Provided Anchors," Psychological Science 12 (2001): 391–396. N. Epley and T.

Gilovich, "When Effortful Thinking Influences Judgmental Anchoring: Differential Effects of Forewarning and Incentives on Self- Generated and Externally Provided Anchors," Journal of Behavioral Decision Making 18 (2005): 199–212; N. Epley and T. Gilovich, "The Anchoring-and- Adjustment Heuristic: Why the Adjustments Are Insufficient," Psychological Science 17 (2006): 311–318.

12　M. F. Mason, A. J. Lee, E. A. Wiley, and D. R. Ames, "Precise Offers Are Potent Anchors: Conciliatory Counteroffers and Attributions of Knowledge in Negotiations," Journal of Experimental Social Psychology 49, no. 4 (2013): 759–763; C. Janiszewski and Dan Uy, "Precision of the Anchor Influences the Amount of Adjustment," Psychological Science 19 (2008): 121–127.

13　A. D. Galinsky, V. Seiden, P. H. Kim, and V. H. Medvec, "The Dissatis- faction of Having Your First Offer Accepted: The Role of Counterfactual Thinking in Negotiations," Personality and Social Psychology Bulletin 28 (2002): 271–283.

14　U. Simonsohn and D. Ariely, "When Rational Sellers Face Nonrational Buyers: Evidence from Herding on eBay," Management Science 54, no. 9 (2008): 1624–1637.

## 第八章

1　C. K. W. De Dreu and T. L. Boles, "Share and Share Alike or

Winner Take All? The Influence of Social Value Orientation upon Choice and Recall of Negotiation Heuristics," Organizational Behavior and Human Decision Processes 76 (1998): 253–276; G. A. van Kleef and C. K. W. De Dreu, "Social Value Orientation and Impression Formation: A Test of Two Competing Hypotheses about Information Search in Negotiation," International Journal of Conflict Management 13 (2002): 59–77.

2    J. R. Curhan, M. A. Neale, and L. Ross, "Dynamic Valuation: Preference Changes in the Context of a Face-to-Face Negotiation," Journal of Experimental Social Psychology 40 (2004): 142–151; I. Ma' oz, A. Ward, M. Katz, and L. Ross, "Reactive Devaluation of an 'Israeli' vs. 'Palestinian' Peace Proposal," Journal of Conflict Resolution 46 (2002): 515–546; L. Ross, "Reactive Devaluation in Negotiation and Conflict Resolution," in Barriers to Conflict Resolution, ed. K. Arrow, R. H. Mnookin, L. Ross, A. Tversky, and R. Wilson, 26–42 (New York: W. W. Norton, 1995); L. Ross and A. Ward, "Psychological Barriers to Dispute Resolution," in Advances in Experimental Social Psychology, vol. 27, ed. M. Zanna, 255–304 (San Diego, CA: Academic Press, 1995); Lee Ross and Constance Stillinger, "Barriers to Conflict Resolution," Negotiation Journal 8 (1991): 389–404.

3    S. Kwon and L. Weingart, "Unilateral Concession from the Other Party: Concession Behavior, Attributions and Negotiation

Judgments," Journal of Applied Psychology 8 (2004): 263–278.

4　美國稅法對個人主要居所的前五十萬美元資本收益不課稅，也就是說，如果以你一百萬買下你的主要居所，然後以一百五十萬或是更低的價格售出，你就不需要繳稅。另一方面來說，如果你以一百六十萬賣出主要居所，你的銷售利潤是六十萬，假設資本收益稅是百分之二十五，你就得繳納兩萬五千元的稅金，因為你的利潤比五十萬多出十萬元。

5　D. G. Pruitt and J. Z. Rubin, Social Conflict: Escalation, Stalemate, and Settlement (New York: Random House, 1986).

6　O. Ben-Yoav and D. Pruitt, "Resistance to Yielding and the Expectation of Cooperative Future Interaction in Negotiation," Journal of Experimental Social Psychology 20 (1984): 323–353; O. Ben-Yoav and D. Pruitt, "Accountability to Constituents: A Two-Edged Sword," Organizational Behavior and Human Decision Processes 34 (1984): 282–295.

7　K. M. O'Connor, J. A. Arnold, and E. R. Burris, "Negotiators' Bargaining Histories and Their Effects on Future Negotiation Performance," Journal of Applied Psychology 90, no. 2 (2005): 350.

8　R. R. Vallacher and D. M. Wegner, "Levels of Personal Agency: Individual Variation in Action Identification," Journal of Personality and Social Psychology 57 (1989): 660–671.

9　C. H. Tinsley, K. M. O'Connor, and B. A. Sullivan, "Tough Guys

Finish Last: The Perils of a Distributive Reputation," Organizational Behavior and Human Decision Processes 88 (2002): 621–642.

10  K. M. O'Connor and J. A. Arnold, "Distributive Spirals: Negotiation Impasses and the Moderating Effects of Disputant Self-Efficacy," Organizational Behavior and Human Decision Processes 84 (2001): 148–176.

11  K. M. O'Connor, J. A. Arnold, and E. R. Burris, "Negotiators' Bargaining Histories and Their Effects on Future Negotiation Performance," Journal of Applied Psychology 90 (2005): 350–362.

12  J. J. Halpern, "The Effect of Friendship on Personal Business Transactions," Journal of Conflict Resolution 38, no. 4 (1994): 647–664.

13  歸根究底,這種矛盾的吊詭就是喬治・艾克羅夫著名論文的中心主旨,詳見:George A. Akerlof, "The Market for Lemons: Quality Uncertainty and the Market Mechanism," Quarterly Journal of Economics, 1970, 488–500。

14  T. L. Morton, "Intimacy and Reciprocity of Exchange: A Comparison of Spouses and Strangers," Journal of Personality and Social Psychology 36 (1978): 72–81.

15  K. L. Valley, M. A. Neale, and E. A. Mannix, "Friends, Lovers, Colleagues, Strangers: The Effects of Relationships on the Process

and Outcome of Dyadic Negotiations," Research on Negotiation in Organizations 5 (1995): 65–94.

16  L. L. Thompson and T. DeHarpport, "Negotiation in Long-Term Relationships" (paper presented at the International Association for Conflict Management, Vancouver, Canada, 1990).

17  E. Amanatullah, M. Morris, and J. Curhan, "Negotiators Who Give Too Much: Unmitigated Communion, Relational Anxieties, and Economic Costs in Distributive and Integrative Bargaining," Journal of Personality and Social Psychology 95 (2008): 723–728; J. Curhan, M. Neale, L. Ross, and J. Rosencranz-Engelmann, "Relational Accommodation in Negotiation: Effects of Egalitarianism and Gender on Economic Efficiency and Relational Capital," Organizational Behavior and Human Decision Processes 107 (2008): 192–205.

18  J. B. White, "The Politeness Paradox: Getting the Terms You Want with- out Sacrificing the Relationship You Need" (paper presented at the annual meeting of the International Association for Conflict Management, Instanbul, July 2011).

19  E. Goffman, The Presentation of Self in Everyday Life (New York: Anchor Books, 1967).

20  J. R. Curhan, H. A. Elfenbein, and G. J. Kilduff, "Getting Off on the Right Foot: Subjective Value versus Economic Value in Predicting Longitudinal Job Outcomes from Job Offer

Negotiations," Journal of Applied Psychology 94, no. 2 (2009): 524.

21 M. Davis, "Measuring Individual Differences in Empathy: Evidence for a Multidimensional Approach," Journal of Personality and Social Psychology 44 (1983): 113–126.

22 M. Neale and M. Bazerman, "The Role of Perspective Taking Ability in Negotiating under Different Forms of Arbitration," Industrial and Labor Relations Review 36 (1983): 378–388.

23 N. Epley and E. M. Caruso, "Egocentric Ethics," Social Justice Research 17, no. 2 (2004): 171–187.

24 A. Galinsky and T. Mussweiler, "First Offers as Anchors: The Role of Perspective Taking and Negotiator Focus," Journal of Personality and Social Psychology 81 (2001): 657–669; A. D. Galinsky, G. Ku, and C. S. Wang, "Perspective-Taking and Self–Other Overlap: Fostering Social Bonds and Fa- cilitating Social Coordination," Group Processes and Intergroup Relations 8 (2005): 109–124.

25 A. Galinsky, W. Maddux, D. Gilin, and J. White, "Why It Pays to Get Inside the Head of Your Opponent," Psychological Science 19 (2008): 378–384.

## 第九章

1 A. Tversky and D. Kahneman, "The Framing of Decisions and the

Psychology of Choice," Science 40 (1981): 453–463.

2　本例子取自 Avinash K. Dixit and Barry J. Nalebuff, Thinking Strategically: The Competitive Edge in Business, Politics, and Everyday Life (New York: W.W. Norton & Company, 1993).

3　M. J. Lerner, The Belief in a Just World (New York: Springer US, 1980), 9–30.

4　M. J. Lerner and D. T. Miller, "Just World Research and the Attribution Process: Looking Back and Ahead," Psychological Bulletin 85, no. 5 (1978): 1030.

5　2012年八月二十日，美國總統歐巴馬據報導曾說過：「我們跟阿薩德政權以及其他的競爭者講得很明白，紅線就是我們開始見到整批的化學武器搬移跟使用，這會改變我的計算，這打亂了等式。」在白宮對記者的陳述，http://www.washingtonpost.com/blogs/fact-checker/wp/2013/09/06 /president-obama-and-the-red-line-on-syrias-chemical-weapons/。

6　M. Sinaceur and M. A. Neale, "Not All Threats Are Created Equal: How Implicitness and Timing Affect the Effectiveness of Threats in Negotiations," Group Decision and Negotiation 14, no. 1 (2005): 63–85.

## 第十章

1　我們想起了歌德的〈魔法師的學徒〉，這首在1797年寫成的詩，大意是說「有力量的靈魂，只能由主人自己召喚」。

2   G. I. Nierenberg, The Art of Negotiating: Psychological Strategies for Gaining Advantageous Bargains (Lyndhurst, NJ: Barnes & Noble Publishing, 1995), 46.

3   3. J. Gross, "Emotional Regulation in Adulthood: Timing Is Everything," Current Directions in Psychological Science 10 (2001): 214–219.

4   J. Gross, "Emotional Regulation: Affective, Cognitive and Social Consequences," Psychophysiology 39 (2003): 281–291.

5   E. A. Butler, B. Egloff, F. H. Wilhelm, N. C. Smith, and J. J. Gross, "The Social Consequences of Emotional Regulation," Emotions 3 (2003): 48–67.

6   R. B. Zajonc, "Feeling and Thinking: Preferences Need No Inferences," American Psychologist 35, no. 2 (1980): 151.

7   F. Strack, L. L. Martin, and S. Stepper, "Inhibiting and Facilitating Conditions of the Human Smile: A Nonobtrusive Test of the Facial Feedback Hypothesis," Journal of Personality and Social Psychology 54 (1998): 768.

8   A. M. Isen, K. A. Daubman, and G. P. Nowicki, "Positive Affect Facilitates Creative Problem Solving," Journal of Personality and Social Psychology 52, no. 6 (1987): 1122; B. L. Fredrickson, "The Role of Positive Emotions in Positive Psychology: The Broaden-and-Build Theory of Positive Emotions," American Psychologist

56, no. 3 (2001): 218; G. F. Loewenstein, L. Thompson, and M. H. Bazerman, "Social Utility and Decision Making in Interpersonal Contexts," Journal of Personality and Social Psychology 57, no. 3 (1989): 426; M. M. Pillutla and J. K. Murnighan, "Unfairness, Anger, and Spite: Emotional Rejections of Ultimatum Offers," Organizational Behavior and Human Decision Processes 68, no. 3 (1996): 208–224; K. G. Allred, J. S. Mallozzi, F. Mat- sui, and C. P. Raia, "The Influence of Anger and Compassion on Negotiation Performance," Organizational Behavior and Human Decision Processes 70, no. 3 (1997): 175–187.

9    G. V. Bodenhausen, G. P. Kramer, and K. Süsser, "Happiness and Stereotypic Thinking in Social Judgment," Journal of Personality and Social Psychology 66, no. 4 (1994): 621. See also H. Bless, G. L. Clore, N. Schwarz, V. Golisano, C. Rabe, and M. Wölk, "Mood and the Use of Scripts: Does a Happy Mood Really Lead to Mindlessness?" Journal of Personality and Social Psychology 71, no. 4 (1996): 665.

10   G. V. Bodenhausen, L. A. Sheppard, and G. P. Kramer, "Negative Affect and Social Judgment: The Differential Impact of Anger and Sadness," European Journal of Social Psychology 24, no. 1 (1994): 45–62.

11   J. P. Forgas, "Don't Worry, Be Sad! On the Cognitive, Motivational and Interpersonal Benefits of Negative Mood," Current Directions

in Psychological Science 2, (2013): 225–232; L. Z. Tiedens and S. Linton, "Judgment under Emotional Certainty and Uncertainty: The Effects of Specific Emotions on In- formation Processing," Journal of Personality and Social Psychology 81, no. 6 (2001): 973.

12 L. Z. Tiedens and S. Linton, "Judgment under Emotional Certainty and Uncertainty: The Effects of Specific Emotions on Information Processing," Journal of Personality and Social Psychology 81, no. 6 (2001): 973.

13 J. S. Lerner and L. Z. Tiedens, "Portrait of the Angry Decision Maker: How Appraisal Tendencies Shape Anger's Influence on Cognition," Journal of Behavioral Decision Making 19, no. 2 (2006): 115–137.

14 J. S. Lerner and L. Z. Tiedens, "Portrait of the Angry Decision Maker: How Appraisal Tendencies Shape Anger's Influence on Cognition," Journal of Behavioral Decision Making 19, no. 2 (2006): 115–137; J. S. Lerner and D. Keltner, "Fear, Anger, and Risk," Journal of Personality and Social Psychology 81, no. 1 (2001) 146; P. Shaver, J. Schwartz, D. Kirson, and C. O'Connor, "Emotion Knowledge: Further Exploration of a Prototype Approach," Journal of Personality and Social Psychology 52, no. 6 (1987): 1061.

15 J. S. Lerner and L. Z. Tiedens, "Portrait of the Angry Decision

Maker: How Appraisal Tendencies Shape Anger's Influence on Cognition," Journal of Behavioral Decision Making 19, no. 2 (2006): 115–137.

16 P. J. Carnevale and A. M. Isen, "The Influence of Positive Affect and Visual Access on the Discovery of Integrative Solutions in Bilateral Negotiation," Organizational Behavior and Human Decision Processes 37, no. 1 (1986): 1–13.

17 N. R. Anderson and M. A. Neale, "All Fired Up but No One to Blame" (working paper, Stanford Psychology Department, Palo Alto, CA, 2006).

18 M. A. Neale, S. Wiltermuth, and C. Cargle, "Emotion and the Uncer- tainty Of Negotiation" (研撰中論文,Stanford Graduate School of Busi- ness, Palo Alto, CA, 2009).

19 N. R. Anderson and M. A. Neale, "All Fired Up."

20 N. R. Anderson and M. A. Neale, "The Role of Emotions and Uncer- tainty in Negotiations" (研撰中論文,Psychology Depart- ment, Stanford University, Palo Alto, CA, 2008).

21 E. J. Johnson and A. Tversky, "Representations of Perceptions of Risks," Journal of Experimental Psychology: General 113, no. 1 (1984): 55; A. M. Isen and B. Means, "The Influence of Positive Affect on Decision-Making Strategy," Social Cognition 2, no. 1 (1983): 18–31.

22 J. S. Lerner and L. Z. Tiedens, "Portrait of the Angry Decision

Maker: How Appraisal Tendencies Shape Anger's Influence on Cognition," Journal of Behavioral Decision Making 19, no. 2 (2006): 115–137.

23  J. S. Lerner and D. Keltner, "Fear, Anger, and Risk," Journal of Personality and Social Psychology 81, no. 1 (2001): 146.

24  R. S. Adler, B. Rosen, and E. M. Silverstein, "Emotions in Negotiation: How to Manage Fear and Anger," Negotiation Journal 14, no. 2 (1998): 161– 179; K. G. Allred, "Anger and Retaliation: Toward an Understanding of Impassioned Conflict in Organizations," Research on Negotiation in Organizations 7 (1999): 27–58; L. L. Thompson, The Truth about Negotiations (Upper Saddle River, NJ: Pearson Education, 2008).

25  J. P. Daly, "The Effects of Anger on Negotiations over Mergers and Acquisitions," Negotiation Journal 7, no. 1 (1991): 31–39.

26  P. J. Carnevale, "Positive Affect and Decision Frame in Negotiation," Group Decision and Negotiation 17, no. 1 (2008): 51–63.

27  S. G. Barsade, "The Ripple Effect: Emotional Contagion and Its Influence on Group Behavior," Administrative Science Quarterly 47, no. 4 (2002): 644–675; J. P. Forgas, "On Feeling Good and Getting Your Way: Mood Effects on Negotiator Cognition and Bargaining Strategies," Journal of Personality and Social Psychology 74, no. 3 (1998): 565; S. Lyubomirsky, L. King, and

E. Diener, "The Benefits of Frequent Positive Affect: Does Happiness Lead to Success?" Psychological Bulletin 131, no. 6 (2005): 803.

28 M. Sinaccur and L. Z. Tiedens, "Get Mad and Get More than Even: The Benefits of Anger Expressions in Negotiations," Journal of Experimental Social Psychology 42 (2006): 314–322.

29 G. A. Van Kleef, C. K. W. De Dreu, and A. S. R. Manstead, "The Inter- personal Effects of Anger and Happiness in Negotiations," Journal of Personality and Social Psychology 86 (2004): 57–76.

30 M. Sinaceur, D. Vasiljevic, and M. Neale, "Surprise Expression in Group Decisions: When an Emotional Expression Affects the Quality of Group Members' Processing and Decision Accuracy" (研撰中論文，INSEAD, Fountainbleau, France, 2014).

31 S. D. Pugh, "Service with a Smile: Emotional Contagion in the Service Encounter," Academy of Management Journal 44, no. 5 (2001): 1018–1027; S. Kopelman, A. S. Rosette, and L. Thompson, "The Three Faces of Eve: Strategic Displays of Positive, Negative, and Neutral Emotions in Negotiations," Organizational Behavior and Human Decision Processes 99, no. 1 (2006): 81–101.

## 第十一章

1　R. M. Emerson, "Power-Dependence Relations," American

Sociological Review 27, (1962): 31–41.

2    D. Keltner, D. Gruenfeld, and C. Anderson, "Power, Approach and Inhibition," Psychological Review 10 (2003): 265–285.

3    J. C. Magee, A. D. Galinsky, and D. H. Gruenfeld, "Power, Propensity to Negotiate, and Moving First in Competitive Interactions," Personality and Social Psychology Bulletin 33, no. 2 (2007): 200–212.

4    B. Woodward, State of Denial (New York: Simon and Schuster, 2006).

5    D. H. Gruenfeld, M. E. Inesi, J. C. Magee, and A. D. Galinsky, "Power and the Objectification of Social Targets," Journal of Personality and Social Psychology 95, no. 1 (2008): 111.

6    E. A. Mannix and M. A. Neale, "Power Imbalance and the Pattern of Exchange in Dyadic Negotiation," Group Decision and Negotiation 2, no. 2 (1993): 119–133.

7    繼續讀下去時請牢記,容易解釋的事情並不表示容易執行!

8    A. D. Galinsky, E. Chou, N. Halevy, and G. A. Van Kleef, "The Far Reaching Effects of Power: At the Individual, Dyadic, and Group Levels," in Research on Managing Groups and Teams, vol. 15: Looking Back, Moving For- ward, ed. Margaret A. Neale and Elizabeth A. Mannix, 185–207 (Bringley, UK: Emerald Publishing, 2013).

9    P. Belmi and M. Neale, "Mirror, Mirror on the Wall, Who's the

Fairest of Them All? Thinking That One Is Attractive Increases the Tendency to Support Inequality," Organizational Behavior and Human Decision Pro- cesses 124, no. 2 (2014): 133–149.

10　D. R. Carney, A. J. Cuddy, and A. J. Yap, "Power Posing Brief Nonverbal Displays Affect Neuroendocrine Levels and Risk Tolerance," Psychological Science 21, no. 10 (2010): 1363–1368. 也可參考Amy Cuddy的TED talk www .ted.com/talks/amy_cuddy _your_body_language_shapes_who_you_are .html.

11　D. J. Kiesler, "The 1982 Interpersonal Circle: A Taxonomy for Complementarity in Human Transactions," Psychological Review 90, no. 3 (1983): 185; J. S. Wiggins, "A Psychological Taxonomy of Trait-Descriptive Terms: The Interpersonal Domain," Journal of Personality and Social Psychology 37, no. 3 (1979): 395; J. S. Wiggins, "Circumplex Models of Interpersonal Behavior in Clinical Psychology," in Handbook of Research Methods in Clinical Psychology, ed. P. S. Kendall and J. N. Butcher, 183–221 (New York: Wiley, 1982).

12　R. C. Carson, Interaction Concepts of Personality (Oxford, UK: Aldine, 1969); L. M. Horowitz, K. D. Locke, M. B. Morse, S. V. Waikar, D. C. Dryer, E. Tarnow, and J. Ghannam, "Self-Derogations and the Interpersonal Theory," Journal of Personality and Social Psychology 61, no. 1 (1991): 68; L. M. Horowitz, K. R. Wilson, B. Z. P. Turan, M. J. Constantino, and L. Henderson,

"How Inter- personal Motives Clarify the Meaning of Interpersonal Behavior: A Revised Circumplex Model," Personality and Social Psychology Review 10 (2006): 67–86; D. J. Kiesler, "The 1982 Interpersonal Circle: A Taxonomy for Complementarity in Human Transactions," Psychological Review 90, no. 3 (1983): 185.

13  S. R. Blumberg and J. E. Hokanson, "The Effects of Another Person's Response Style on Interpersonal Behavior in Depression," Journal of Abnormal Psychology 92, no. 2 (1983): 196; L. M. Horowitz, K. R. Wilson, B. Z. P. Turan, M. J. Constantino, and L. Henderson, "How Interpersonal Motives Clarify the Meaning of Interpersonal Behavior: A Revised Circumplex Model," Personality and Social Psychology Review 10 (2006): 67–86; P. M. Markey, D. C. Funder, and D. J. Ozer, "Complementarity of Interpersonal Behaviors in Dyadic Interactions," Personality and Social Psychology Bulletin 29, no. 9 (2003): 1082–1090.

14  S. S. Wiltermuth, L. Z. Tiedens, and M. A. Neale, "The Benefits of Dominance Complementarity in Negotiations," Negotiations and Conflict Management Research (in press).

15  J. S. Carroll, M. H. Bazerman, and R. Maury, "Negotiator Cognitions: A Descriptive Approach to Negotiators' Understanding of Their Opponents," Organizational Behavior and Human

Decision Processes 41, no. 3 (1988): 352– 370; M. J. Prietula and L. R. Weingart, "Negotiation as Problem Solving," Advances in Managerial Cognition and Organizational Information Processing 5 (1994): 187–213.

16　L. Z. Tiedens, M. M. Unzueta, and M. J. Young, "An Unconscious Desire for Hierarchy? The Motivated Perception of Dominance Complementarity in Task Partners," Journal of Personality and Social Psychology 93, no. 3 (2007): 402.

17　S. D. Levitt, "Understanding Why Crime Fell in the 1990s: Four Factors That Explain the Decline and Six That Do Not," Journal of Economic Perspectives 18, no. 1 (2004): 163–190.

18　J. A. Hall, E. J. Coats, and L. S. LeBeau, "Nonverbal Behavior and the Vertical Dimension of Social Relations: A Meta-Analysis," Psychological Bulletin 131, no. 6 (2005): 898.

19　評論可見T. L. Chartrand, W. W. Maddux, and J. L. Lakin, "Beyond the Perception-Behavior Link: The Ubiquitous Utility and Motivational Moderators of Nonconscious Mimicry," in The New Unconscious ed. R. R. Hassin, J. S. Uleman, and J. A. Bargh, 334–361 (New York: Oxford University Press, 2005).

20　F. J. Bernieri, "Coordinated Movement and Rapport in Teacher-Student Interactions," Journal of Nonverbal Behavior 12, no. 2 (1988): 120–138; see also M. LaFrance, "Nonverbal Synchrony and Rapport: Analysis by the Cross-Lag Panel Technique," Social

Psychology Quarterly 42 (1979): 66–70; M. LaFrance, "Posture Mirroring and Rapport," in Interaction Rhythms: Periodicity in Communicative Behavior, ed. M. Davis, 279–298 (New York: Human Sciences Press, 1982).

21  R. B. Van Baaren, R. W. Holland, B. Steenaert, and A. van Knippenberg, "Mimicry for Money: Behavioral Consequences of Imitation," Journal of Experimental Social Psychology 39, no. 4 (2003): 393–398.

22  R. B. Van Baaren, R. W. Holland, K. Kawakami, and A. Van Knippenberg, "Mimicry and Prosocial Behavior," Psychological Science 15, no. 1 (2004): 71–74.

23  J. L. Lakin and T. L. Chartrand, "Using Nonconscious Behavioral Mimicry to Create Affiliation and Rapport," Psychological Science 14, no. 4 (2003): 334–339; R. B. van Baaren, W. W. Maddux, T. L. Chartrand, C. de Bouter, and A. van Knippenberg, "It Takes Two to Mimic: Behavioral Consequences of Self-Construals," Journal of Personality and Social Psychology 84, no. 5 (2003): 1093; T. L. Chartrand and J. A. Bargh, "The Chameleon Effect: The Perception–Behavior Link and Social Interaction," Journal of Personality and Social Psychology 76, no. 6 (1999): 893; C. M. Cheng and T. L. Chartrand, "Self- Monitoring without Awareness: Using Mimicry as a Nonconscious Affiliation Strategy," Journal of Personality and Social Psychology 85, no. 6

(2003): 1170.

24　N. Yee, J. N. Bailenson, M. Urbanek, F. Chang, and D. Merget, "The Un- bearable Likeness of Being Digital: The Persistence of Nonverbal Social Norms in Online Virtual Environments," CyberPsychology and Behavior 10, no. 1 (2007): 115–121; J. Blascovich, J. Loomis, A. C. Beall, K. R. Swinth, C. L. Hoyt, and J. N. Bailenson, "Immersive Virtual Environment Technology as a Methodological Tool for Social Psychology," Psychological Inquiry 13, no. 2 (2002): 103–124.

25　W. Maddux, E. Mullen, and A. Galinksy, "Chameleons Bake Bigger Pies and Take Bigger Pieces: Strategic Behavioral Mimicry Facilitates Negotiation Outcomes," Journal of Experimental Social Psychology 44 (2008): 461–468.

26　S. S. Wiltermuth and M. A. Neale, "Master of the Universe versus the Chameleon: Comparing the Effects of Complementarity and Mimicry in Negotiation Behavior" (working paper, Stanford Graduate School of Business, Stanford, CA, 2008).

27　T. L. Chartrand, W. W. Maddux, and J. L. Lakin, "Beyond the Perception-Behavior Link: The Ubiquitous Utility and Motivational Moderators of Nonconscious Mimicry," in Unintended Thought 2: The New Unconscious, ed. R. Hassin, J. Uleman, and J. A. Bargh, 334–361 (New York: Oxford University Press, 2005).

28 M. LaFrance, "Nonverbal Synchrony and Rapport: Analysis by the Cross-Lag Panel Technique," Social Psychology Quarterly 42 (1979): 66–70.

29 Maddux, Mullen, and Galinksy, "Chameleons Bake Bigger Pies."

30 J. S. Lerner and L. Z. Tiedens, "Portrait of the Angry Decision Maker: How Appraisal Tendencies Shape Anger's Influence on Cognition," Journal of Behavioral Decision Making 19, no. 2 (2006): 115–137; N. H. Frijda, P. Kuipers, and E. Ter Schure, "Relations among Emotion, Appraisal, and Emotional Action Readiness," Journal of Personality and Social Psychology 57, no. 2 (1989): 212.

31 還記得我們先前關於BAS與BIS的討論嗎?顯然這種方法觀點(BAS)最常在感受到力量的個人身上發現,或是有力量的思維模式上。Eddie Harmon Jones, "Clarifying the Emotive Functions of Asymmetrical Frontal Cortical Activity," Psychophysiology 40, no. 6 (2003): 838–848; E. Harmon-Jones and J. Segilman, "State Anger and Prefrontal Brain Activity: Evidence That Insult-Related Relative Left-Prefrontal Activation Is Associated with Experienced Anger and Aggression," Journal of Personality and Social Psychology 80 (2001): 797–803.

32 J. S. Lerner and D. Keltner, "Beyond Valence: Toward a Model of Emotion-Specific Influences on Judgment and Choice," Cognition and Emotion 14, no. 4 (2000): 473–493.

33　J. S. Lerner and D. Keltner, "Fear, Anger, and Risk," Journal of Personality and Social Psychology 81, no. 1 (2001): 146.

34　G. V. Bodenhausen, L. A. Sheppard, and G. P. Kramer, "Negative Affect and Social Judgment: The Differential Impact of Anger and Sadness," European Journal of Social Psychology 24, no. 1 (1994): 45–62; J. S. Lerner, J. H. Goldberg, and P. E. Tetlock, "Sober Second Thought: The Effects of Accountability, Anger, and Authoritarianism on Attributions of Responsibility," Personality and Social Psychology Bulletin 24, no. 6 (1998): 563–574; D. A. Small and J. S. Lerner, "Emotional Politics: Personal Sadness and Anger Shape Public Welfare Preferences" (paper presented at the Society for Personality and Social Psychology, New Orleans, 2005); L. Z. Tiedens, "Anger and Advancement versus Sadness and Subjugation: The Effect of Negative Emotion Expressions on Social Status Conferral," Journal of Personality and Social Psychology 80, no. 1 (2001): 86; L. Z. Tiedens and S. Linton, "Judgment under Emotional Certainty and Uncertainty: The Effects of Specific Emotions on Information Processing," Journal of Personality and Social Psychology 81, no. 6 (2001): 973.

35　A. W. Siegman and T. W. Smith, eds., Anger, Hostility, and the Heart (London: Psychology Press, 2013).

36　A. R. Fragale, "The Power of Powerless Speech: The Effects of Speech Style and Task Interdependence on Status Conferral,"

Organizational Behavior and Human Decision Processes 101, no. 2 (2006): 243–261.

37　V. L. Brescoll and E. L. Uhlmann, "Can an Angry Woman Get Ahead? Status Conferral, Gender, and Expression of Emotion in the Workplace," Psychological Science 19, no. 3 (2008): 268–275.

38　J. R. Overbeck, M. A. Neale, and C. L. Govan, "I Feel, Therefore You Act: Intrapersonal and Interpersonal Effects of Emotion on Negotiation as a Function of Social Power," Organizational Behavior and Human Decision Processes 112, no. 2 (2010): 126–139.

## 第十二章

1　Harris Sondak, Margaret A. Neale, and Elizabeth A. Mannix, "Managing Uncertainty in Multiparty Negotiations," in Handbook on Negotiation, ed. W. Adair and M. Olekalns, 283–310 (North Hampton, MA: Edward Elgar, 2013).

2　T. Wildschut, B. Pinter, J. L. Vevea, C. A. Insko, and J. Schopler, "Beyond the Group Mind: A Quantitative Review of the Interindividual Intergroup Discontinuity Effect," Psychological Bulletin 129 (2003): 698–722.

3　評論可見Elizabeth A. Mannix and Margaret A. Neale, "What Differences Make a Difference? The Promise and Reality of Diverse Teams in Organizations," Psychological Science in the

Public Interest 6 (2005): 31–55.

4　J. C. Turner, "The Analysis of Social Influence," in Rediscovering the Social Group: A Self-Categorization Theory, ed. J. C. Turner, M. A. Hogg, P. J. Oakes, S. D. Reicher, and M. S. Wetherell, 68–88 (Oxford: Blackwell, 1987); V. L. Allen and D. A. Wilder, "Group Categorization and Attribution of Belief Similarity," Small Group Behavior 10 (1979): 73–80.

5　I. Janis, Groupthink: Psychological Studies of Policy Decisions and Fiascoes (New York: Houghton-Mifflin, 1982).

6　K. W. Phillips, G. Northcraft, and M. Neale, "Surface-Level Diversity and Information Sharing: When Does Deep-Level Similarity Help?" Group Processes and Intergroup Relations 9 (2006): 467–482.

7　K. W. Phillips, "The Effects of Categorically Based Expectations on Minority Influence: The Importance of Congruence," Society for Personality and Social Psychology 29 (2003): 3–13; K. W. Phillips and D. L. Loyd, "When Surface and Deep Level Diversity Meet: The Effects of Dissenting Group Members," Organizational Behavior and Human Decision Processes 99 (2006): 143–160.

8　K. Y. Phillips and E. Apfelbaum, "Delusions of Homogeneity: Reinterpreting the Effects of Group Diversity, in Research on Managing Groups and Teams, vol. 16: Looking Back, Moving Forward, ed. M. A. Neale and E. A. Man- nix, 185–207 (Bringley,

UK: Emerald, 2012).

9   K. W. Phillips and D. L. Loyd, "When Surface and Deep Level Diversity Meet: The Effects of Dissenting Group Members," Organizational Behavior and Human Decision Processes 99 (2006): 143–160.

10  D. L. Loyd, C. S. Wang, K. W. Phillips, and R. L. Lount, "Social Category Diversity Promotes Pre-Meeting Elaboration: The Role of Relationship Focus," Organization Science (in press).

11  J. Cao and K. W. Phillips, "Team Diversity and Information Acquisition: How Homogeneous Teams Set Themselves Up to Have Less Conflict" (研撰中論文，olumbia Business School, 2013)。

12  N. Halevey, "Team Negotiation: Social, Epistemic, Economic, and Psychological Consequences of Subgroup Conflict," Persona-lity and Social Psychology Bulletin 34 (2008): 1687–1702.

13  G. Borenstein, "Intergroup Conflict: Individual, Group, and Collective Interests," Personality and Social Psychology Review 7 (2003): 129–145.

14  M. B. Brewer, "In-Group Bias in the Minimal Intergroup Situation: A Cognitive-Motivational Analysis," Psychological Bulletin 86 (1979): 307–324.

15  H. R. Tajifel, R. Billig, C. Bundy, and C. Flament, "Social Categorization and Intergroup Behavior," European Journal of Social Psychology 1 (1971): 149–178; J. C. Turner, "The

Experimental Social Psychology of Inter- group Behavior," in Intergroup Behavior, ed. J. C. Turner and H. Giles, 66–101 (Chicago: University of Chicago Press, 1981).

16　R. M. Kramer, "Intergroup Relations and Organizational Dilemmas: The Role of the Categorization Process," Research in Organizational Behavior 13 (1991): 191–228.

17　T. Wildschut, B. Pinter, J. L. Vevea, C. A. Insko, and J. Schopler, "Beyond the Group Mind: A Quantitative Review of the Inter- individual Intergroup Dis- continuity Effect," Psychological Bulletin 129 (2003): 698–722; B. Pinter, C. A. Insko, T. Wildschut, J. L. Kirchner, R. M. Montoya, and S. T. Wolf, "Reduction of Interindividual–Intergroup Discontinuity: The Role of Leader Accountability and Proneness to Guilt," Journal of Personality and Social Psycho- logy 93 (2007): 250–265.

18　A. D. Galinsky, V. L. Seiden, P. H. Kim, and V. H. Medvec, "The Dissatisfaction of Having Your First Offer Accepted: The Role of Counterfactual Thinking in Negotiations," Personality and Social Psychology Bulletin 28, no. 2 (2002): 271–283.

19　S. Page, The Difference (Princeton, NJ: Princeton University Press, 2007); E. A. Mannix and M. A. Neale, "What Differences Make a Difference? The Promise and Reality of Diverse Teams in Organizations," Psychological Science in the Public Interest 6 (2005): 31–55.

20  J. P. Polzer, "Intergroup Negotiations: The Effect of Negotiating Teams," Journal of Conflict Resolution 40 (1996): 678–698.

21  R. Walton and R. McKersie, A Behavioral Theory of Labor Negotiations (New York: McGraw Hill, 1964).

22  R. Stout, J. Cannon-Bowers, E. Salas, and D. Milanovich, "Planning, Shared Mental Models, and Coordinated Performance: An Empirical Link Is Established," Human Factors 41 (1999): 61–71.

23  K. J. Behfar, R. S. Peterson, E. A. Mannix, and W. M. Trochim, "The Critical Role of Conflict Resolution in Teams: A Close Look at the Links be- tween Conflict Type, Conflict Management Strategies, and Team Outcomes," Journal of Applied Psychology 93, no. 1 (2008): 170; J. M. Brett, R. Friedman, and K. Behfar, "How to Manage Your Negotiating Team," Harvard Business Review 87, no. 9 (2009): 105–109.

24  J. K. Murnighan, "Organizational Coalitions: Structural Contingencies and the Formation Process," Research on Negotiation in Organizations 1 (1986): 155–173; J. T. Polzer, E. A. Mannix, and M. A. Neale, "Interest Alignment and Coalitions in Multiparty Negotiation," Academy of Management Journal 41 (1998): 42–54.

25  J. K. Murnighan and D. Brass, "Intraorganizational Coalitions," in Research in Negotiating in Organizations, ed. R. Lewicki, B.

Sheppard, and M. Bazerman, 283–306 (Greenwich, CT: JAI Press, 1991).

26　M. Watkins and S. Rosegrant, "Sources of Power in Coalition Building," Negotiation Journal 12 (1996): 47–68.

27　J. T. Polzer, E. A. Mannix, and M. A. Neale, "Interest Alignment and Coalitions in Multiparty Negotiation," Academy of Management Journal 41 (1998): 42–54.

28　J. K. Murnighan and D. Brass, "Intraorganizational Coalitions," in Research in Negotiating in Organizations, ed. R. Lewicki, B. Sheppard, and M. Bazerman, 283–306 (Greenwich, CT: JAI Press, 1991).

## 第十三章

1　西元前二世紀時，老加圖（Cato the Elder，《農業誌，De Agri Cultura》2:7）建議以農業拍賣來交易莊稼與工具，在 Orationum Reliquae (53:303, Tusculum)中則提到家庭日用品拍賣。普魯塔克（Plutarch，46-125）在《希臘羅馬名人列傳》（Vitae Parallelae, Poplikos 9:10）裡，提到西元前六世紀時的戰俘拍賣。

2　J. Bulow and P. Klemperer, "Auctions vs. Negotiations" (NBER 研撰中論文 No. w4608, National Bureau of Economic Research, 1994).

3　U. Malmendier and Y. H. Lee, "The Bidder's Curse," American

Economic Review 101, no. 2 (2011): 749–787.

4　G. Ku, D. Malhotra, and J. K. Murnighan, "Towards a Competitive Arousal Model of Decision-Making: A Study of Auction Fever in Live and Internet Auctions," Organizational Behavior and Human Decision Processes 96, no. 2 (2005): 89–103.

5　D. Malhotra, G. Ku, and J. K. Murnighan, "When Winning Is Everything," Harvard Business Review 86, no. 5 (2008): 78.

6　G. Ku, D. Malhotra, and J. K. Murnighan, "Towards a Competitive Arousal Model of Decision-Making: A Study of Auction Fever in Live and Internet Auctions," Organizational Behavior and Human Decision Processes 96, no. 2 (2005): 89–103.

7　L. Ordonez and L. Benson III, "Decisions under Time Pressure: How Time Constraint Affects Risky Decision Making," Organizational Behavior and Human Decision Processes 71, no. 2 (1997): 121–140.

8　R. B. Zajonc, Social Facilitation (Ann Arbor, MI: Research Center for Group Dynamics, Institute for Social Research, University of Michigan: 1965); H. R. Markus, "The Effect of Mere Presence on Social Facilitation: An Unobtrusive Task," Journal of Experimental Social Psychology 14 (1978): 389–397.

9　通常我們會把拍賣想成是一名賣家、多名買家的形式，這雖然比較常見，但是也有一名買家、多名賣家的例子，政府採購案通常就會牽涉到這樣的過程。最近通用汽車公司宣布清算旗下的內部零件供應商，向前行改採類似拍賣的過程，來採購汽車組件。相反地，交易（紐約證券交易所）則能把多名潛在買家跟賣家聚在一起。

10　Rafael Rogo, "Strategic Information and Selling Mechanism" (PhD diss., Kellogg School of Management, Northwestern University, Evanston, IL, 2009).

11　所有結果都有同樣可能性的分佈，稱為均勻分布。

12　C. Glenday, ed., Guinness World Records 2013 (New York: Random House LLC, 2013).

13　U. Malmendier, E. Moretti, and F. S. Peters, "Winning by Losing: Evidence on the Long-Run Effects of Mergers" (NBER 研撰中論文 No. w18024, National Bureau of Economic Research, 2012).

14　G. Ku, A. D. Galinsky, and J. K. Murnighan, "Starting Low but Ending High: A Reversal of the Anchoring Effect in Auctions," Journal of Personality and Social Psychology 90, no. 6 (2006): 975.

15　R. Simonsohn and D. Ariely, "When Rational Sellers Face Non-Rational Consumers: Evidence from Herding on eBay" (研撰中論文, Fuqua School of Management, Duke University, 2007).

## 第十四章

1　J. R. Curhan, H. A. Elfenbein, and G. J. Kilduff, "Getting Off on the Right Foot: Subjective Value Versus Economic Value in Predicting Longitudinal Job Outcomes from Job Offer Negotiations," Journal of Applied Psychology 94, no. 2 (2009): 524–534.

2   A. L. Drolet and M. W. Morris, "Rapport in Conflict Resolution: Accounting for How Face-to-Face Contact Fosters Mutual Cooperation in Mixed-Motive Conflicts," Journal of Experimental Social Psychology 36, no. 1 (2000): 26–50.

3   J. R. Curhan, H. A. Elfenbein, and H. Xu, "What Do People Value When They Negotiate? Mapping the Domain of Subjective Value in Negotiation," Journal of Personality and Social Psychology 91 (2006): 493.

4   C. H. Tinsley, K. M. O'Connor, and B. A. Sullivan, "Tough Guys Finish Last: The Perils of a Distributive Relationship," Organizational Behavior and Human Decision Processes 88 (2002): 621.

5   J. R. Curhan, H. A. Elfenbein, and G. J. Kilduff, "Getting Off on the Right Foot: Subjective Value versus Economic Value in Predicting Longitudinal Job Outcomes from Job Offer Negotiations," Journal of Applied Psychology 94, no. 2 (2009): 524–534.

6   J. R. Curhan and H. A. Elfenbein, "What Do People Want When They Negotiate?" The Subjective Value Inventory, 2008, www.subjectivevalue.com.

7　在此提醒，帕托雷最適協議主導了全部其他潛在的協議，再也沒有其他解決方法，能夠讓全部的談判者都偏好選中的那一個。

8　B. O'Neil, "The Number of Outcomes in the Pareto-Optimal Set of Discrete Bargaining Games, Mathematics of Operations Research 6 (1981): 571.

9　H. Raiffa, "Post-Settlement Settlements," Negotiation Journal 1 (1985): 9.

10　S. Frederick, G. Loewenstein, and T. O'Donoghue, "Time Discounting and Time Preference: A Critical Review," Journal of Economic Literature 40 (2002): 351–401; G. Loewenstein, D. Read, and R. F. Baumeister, eds., Time and Decision: Economic and Psychological Perspectives of Intertemporal Choice (New York: Russell Sage Foundation, 2003); H. Movious and T. Wilson, "How We Feel about the Deal," Negotiation Journal, April 2011, 241–250.

11　D. Kahenman, "Reference Points, Anchors, Norms, and Mixed Feelings," Organizational Behavior and Human Decision Processes 51 (1992): 296–312.

12　N. Novemsky and M. Schweitzer, "What Makes Negotiators Happy? The Differential Effects of Internal and External Social Comparisons on Negotiator Satisfaction," Organizational Behavior and Human Decision Processes 95 (2004): 186–197.

# 談判的訊號
## 讀懂真實世界中的價格與心理動態力量

本書為改版書，原書名為
談判桌的經濟學與心理戰：從議價行為到策略性合作的最佳利益戰術課

GETTING (MORE OF) WHAT YOU WANT
How the secrets of economics and psychology can help you
negotiate anything, in business and in life

by Margaret Neale and Thomas Z. Lys
Complex Chinese translation copyright © 2017
by Briefing Press, a Division of AND Publishing Ltd.
Published by arrangement with Basic Books, a Member of Perseus Books LLC
through Bardon-Chinese Media Agency

博達著作權代理有限公司 ALL RIGHTS RESERVED

大寫出版
書　　系：〈In Action! 使用的書〉 HA0075R
著　　者：瑪格里特・妮爾（Margaret A. Neale）、湯瑪斯・黎斯（Thomas Z. Lys）
譯　　者：趙睿音
行銷企畫：王綬晨、邱紹溢、陳詩婷、曾曉玲、曾志傑
大寫出版：鄭俊平
發 行 人：蘇拾平
發　　行：大雁文化事業股份有限公司
　　　　　台北市復興北路333號11樓之4
　　　　　大雁出版基地官網：www.andbooks.com.tw

初版一刷 ◎ 2021年3月
定　　價 ◎ 450元
ISBN 978-957-9689-57-1
版權所有・翻印必究
Printed in Taiwan・All Rights Reserved
本書如遇缺頁、購買時即破損等瑕疵，請寄回本社更換

國家圖書館出版品預行編目 (CIP) 資料

談判的訊號：讀懂真實世界中的價格與心理動態力量／
瑪格里特・妮爾 (Margaret A. Neale)、湯瑪斯・黎斯 (Thomas Z.
Lys) 合著 ；趙睿音譯／初版｜臺北市：大寫出版社：大雁文化事業
股份有限公司發行，2021.03／376 面；15*21 公分（使用的書 In
Action；HA0075R）／譯自：Getting (more of) what you want：how
the secrets of economics and psychology can help you negotiate
anything, in business and in life／ISBN 978-957-9689-57-1( 平裝 )
1. 商業談判

490.17　　　　　　　　　　　　　　　110002929